Computer Vision
Deep learning methods based on OpenCV and TensorFlow

计算机视觉

基于OpenCV与TensorFlow的深度学习方法

余海林 翟中华 编著

清华大学出版社
北京

内 容 简 介

本书详细讲解基于 OpenCV 的传统计算机视觉和以 TensorFlow 代码为主的基于深度学习的计算机视觉。

本书从基本的图像特征开始，包括颜色特征、几何特征、局部特征、梯度特征，图像美化，传统目标检测、光流与跟踪等；继而进入深度学习部分，首先带来深度学习的基本原理，然后是卷积神经网络的深入剖析，进而阐述如何将卷积神经网络应用于计算机视觉的物体分类、目标检测等常见问题上，最后介绍计算机视觉最新的 GAN 网络。本书以非常简单的公式和原理解释学习过程中遇到的问题，通过大量精美的图片让读者直观感受计算机视觉的效果，深入理解计算机视觉的核心内容。

本书适合人工智能方向的大学本科生、研究生，以及初学者阅读。对于有一定基础和经验的读者，本书能帮助他们查缺补漏、深入理解和掌握相关原理和方法，提高实际解决问题的能力。

本书封面贴有清华大学出版社防伪标签，无标签者不得销售。
版权所有，侵权必究。举报：010-62782989，beiqinquan@tup.tsinghua.edu.cn。

图书在版编目(CIP)数据

计算机视觉：基于 OpenCV 与 TensorFlow 的深度学习方法/余海林，翟中华编著. —北京：清华大学出版社，2021.2（2021.10 重印）
ISBN 978-7-302-56743-1

Ⅰ. ①计… Ⅱ. ①余… ②翟… Ⅲ. ①计算机视觉 Ⅳ. ①TP302.7

中国版本图书馆 CIP 数据核字(2020)第 210755 号

责任编辑：赵佳霓
封面设计：吴 刚
责任校对：时翠兰
责任印制：沈 露

出版发行：清华大学出版社
网　　址：http://www.tup.com.cn，http://www.wqbook.com
地　　址：北京清华大学学研大厦 A 座　　邮　编：100084
社 总 机：010-62770175　　邮　购：010-83470235
投稿与读者服务：010-62776969，c-service@tup.tsinghua.edu.cn
质量反馈：010-62772015，zhiliang@tup.tsinghua.edu.cn
课件下载：http://www.tup.com.cn，010-83470236

印 装 者：三河市龙大印装有限公司
经　　销：全国新华书店
开　　本：186mm×240mm　　印　张：13.75　　字　数：294 千字
版　　次：2021 年 4 月第 1 版　　印　次：2021 年 10 月第 2 次印刷
印　　数：2001～3000
定　　价：69.00 元

产品编号：086131-02

序
FOREWORD

视觉是人们认识世界的第一信息,其对于计算机却似乎无关紧要。机器需要睁眼看世界吗?

千变万化的图像中包含着丰富的信息。视觉是人类获取外界信息的主要手段,大量研究的结论表明视觉在人类获取信息的手段中占比高达 80% 以上。计算机作为人类大脑的延伸,一直被寄予了能够像人类一样处理图像中的信息的厚望。幸运的是,随着人工智能技术的发展,这个愿望正在逐步变为现实。

计算机眼中的图像就是一个简单的数字矩阵,似乎和别的数据没有区别。其实这是一个常见的误区,即使都是数字,图片内含的大量信息、图片的非结构性、图片的局部相似性都使得计算机视觉必须与简单的机器学习、数据挖掘使用非常不同的特征以及模型。

科学家最早关于计算机视觉的尝试主要集中在图片本身的传统特征上,例如借助色彩特征、几何特征、局部特征、梯度特征等进行图像处理,这些手段非常直观,但是在面临真实世界的问题时,例如人脸识别等,经常会遇到难以突破的瓶颈。随着深度学习技术的兴起和成熟,采用神经网络的计算机视觉技术得到了突飞猛进的发展,在许多场景甚至可以获得远超人类的表现。

现代的计算机视觉领域,已经成为传统图像技术和深度学习技术相结合的一个领域。如果只看传统图像技术,将无法满足现代社会中对视觉效果的要求;如果只看深度学习技术,会因为缺乏对图像的基本处理手段而无法在实践中融会贯通。因此,对现代的计算机视觉领域的从业者而言,同时掌握传统图像技术和深度学习技术已经成为最基本的要求。

本书涵盖了以 OpenCV 为代表的传统计算机视觉技术,包括基础的图像特征、传统目标检测、光流与跟踪等,并深入讲解了卷积神经网络(CNN)、深度学习目标检测、迁移学习(Transfer Learning)、生成对抗网络(GAN)等深度学习相关前沿技术和业界先进的深度学习网络。对于已经有 OpenCV 等基础的读者,本书是非常好的进入深度学习世界的参考资料;对于已经有深度学习经验而需要补充传统图像处理技术的读者,本书具有非常好的参考价值;对于新进入计算机视觉领域的读者,本书更是一本不可多得的综合性图书。

王晓光
advance.ai 合伙人
2020 年 6 月 26 日于北京

前言
PREFACE

深度学习应用于计算机视觉已经非常普遍,自从 AlexNet 横空出世,卷积神经网络在计算机视觉领域一骑绝尘,频频突破原先的最佳模型,甚至在多个任务上超越人类。遗憾的是,市面上关于基于深度学习计算机视觉的中文书少之又少,其中精品更是很难见到。有的书注重讲解数学,忽略了计算机视觉是一门实践科学的本质;有的书有很多代码实战,却轻描淡写地带过了计算机视觉和深度学习的原理。对于深度学习和计算机视觉来说,原理和实践是相辅相成的,缺一不可。有的书确实做到了原理和实践相结合,但是忽略了传统计算机视觉的重要性,只关注基于深度学习的计算机视觉。于是笔者决定写一本真正的计算机视觉入门图书,既包括传统计算机视觉和深度学习,又包括原理和代码实战。

本书的写成源于 AI 火箭营的初心,我们希望在人工智能时代来临之际,能够帮助更多的人进入人工智能技术的殿堂,使更多的人利用人工智能解决现实中的实际问题,让更多的人在各行各业用人工智能升级改造传统产业或技术体系。

本书内容

本书从传统计算机视觉入手,通过色彩特征、局部特征、梯度特征等带领读者走入图像的世界,而后介绍传统计算机视觉的经典算法,例如目标检测、光流与跟踪等,继而进入深度学习部分,深入讲解如何将卷积神经网络应用于物体分类、目标检测等实际问题,最后介绍最新的 GAN 网络。为了让读者更好地了解传统计算机视觉和深度学习计算机视觉的区别,第 13 章详细介绍了传统计算机视觉和深度学习计算机视觉关于人脸识别方法的对比。

本书特点

(1) 通俗易懂,作为入门类图书,不用大量的数学公式,也不用复杂的术语,而是用通俗易懂的语言、形象生动的例子、栩栩如生的图片带领读者进入计算机视觉的世界。本书尽量以简单、易懂的方式将数学公式呈现给读者。即使是新入门的读者,也不会有任何阅读困难。

(2) 原理与实战相结合,作为计算机编程类图书,本书并非列举编程库或是编程函数,而是将原理与实战相结合,既阐明深刻的原理,又将所学应用到真正的实战项目,如人脸识别、车牌识别等,让读者学会 OpenCV、TensorFlow 等平台的函数及用法。

(3) 抽丝剥茧、深挖本质。计算机视觉往往涉及种类繁多的模型和各式各样的特征。本书在讲解新的网络架构或是算法时,透过其繁杂的表面,深挖其本质。

（4）横向比较：同一个问题往往有很多种不同的算法，例如目标检测问题就有 RCNN、YOLO、SSD 三大网络，它们各有千秋，我们要取其精华，去其糟粕。纵向对比：同一个实际问题，有传统计算机视觉的解决方案，也有深度学习计算机视觉的解决方案，如最常用的人脸识别，要分析不同方案的优劣，适合应用的场景。

本书对所有涉及的技术点进行了背景介绍，写作风格严谨。书中所有的代码执行结果都是自动生成的，任何改动都会触发对书中每一段代码的测试，以保证读者在动手实践时能复现结果。

由于笔者水平有限，书中难免存在疏忽，敬请原谅，并恳请读者批评指正。

余海林　翟中华

2020 年 7 月

本书源代码下载

目 录
CONTENTS

第 1 章　机器看世界 ··· 1

 1.1　计算机眼里的图像 ·· 1

 1.2　计算机视觉的起源 ·· 2

  1.2.1　马尔计算视觉 ·· 2

  1.2.2　主动和目的视觉 ·· 3

  1.2.3　多视几何和分层三维重建 ·· 4

  1.2.4　基于学习的视觉 ·· 4

 1.3　计算机视觉的难点 ·· 5

 1.4　深度学习的起源 ·· 6

 1.5　基于深度学习的计算机视觉 ··· 7

  1.5.1　研究方向 ··· 8

  1.5.2　未来发展 ··· 12

第 2 章　传统图像处理之 OpenCV 的妙用 ·· 13

 2.1　OpenCV 安装 ·· 14

 2.2　OpenCV 模块 ·· 14

 2.3　OpenCV 数据存取 ·· 16

 2.4　OpenCV 图像基本操作 ··· 16

  2.4.1　OpenCV 图像缩放 ··· 17

  2.4.2　OpenCV 图像裁剪 ··· 17

  2.4.3　OpenCV 图像旋转 ··· 18

 2.5　从摄像头读取 ··· 20

 2.6　矩阵操作 ·· 22

第 3 章　传统图像处理之寻找特征 ·· 24

 3.1　颜色特征 ·· 24

  3.1.1　RGB 颜色空间 ··· 24

3.1.2 HIS 颜色空间 ··········· 27
3.1.3 HSV 颜色空间 ··········· 28
3.1.4 颜色直方图 ··········· 30
3.1.5 OpenCV 图像色调，对比度变化 ··········· 31
3.2 几何特征 ··········· 32
3.2.1 边缘特征 ··········· 33
3.2.2 角点 ··········· 35
3.2.3 斑点 ··········· 39
3.3 局部特征 ··········· 41
3.3.1 SIFT 算法 ··········· 41
3.3.2 SURF 算法 ··········· 42
3.4 代码实战：图像匹配 ··········· 44

第 4 章 传统图像处理之图像美化 ··········· 46

4.1 添加图形与文字 ··········· 46
4.2 图像美白 ··········· 49
4.3 图像修复与去噪 ··········· 52
4.4 图像轮廓 ··········· 55
4.5 图像金字塔 ··········· 57
4.6 代码实战：图像融合 ··········· 58

第 5 章 传统图像处理之相机模型 ··········· 60

5.1 相机模型 ··········· 60
5.1.1 针孔相机模型 ··········· 60
5.1.2 射影几何 ··········· 61
5.2 透镜 ··········· 62
5.3 透镜畸变 ··········· 63
5.4 光流 ··········· 64
5.4.1 稀疏光流 ··········· 64
5.4.2 稠密光流 ··········· 68
5.5 跟踪 ··········· 70

第 6 章 传统图像处理之目标检测 ··········· 73

6.1 OpenCV 中的机器学习 ··········· 73
6.1.1 机器学习简介 ··········· 73
6.1.2 OpenCV 机器学习数据流 ··········· 74

6.1.3　OpenCV 机器学习算法 ……………………………………………………… 75
6.2　基于支持向量机的目标检测与识别 …………………………………………………… 78
　　6.2.1　词袋算法 …………………………………………………………………… 78
　　6.2.2　隐式支持向量机算法 ……………………………………………………… 79
6.3　基于树方法的目标检测与识别 ………………………………………………………… 80
6.4　代码实战：人脸识别 …………………………………………………………………… 81
6.5　传统图像总结 …………………………………………………………………………… 83

第 7 章　深度学习初识 ……………………………………………………………………… 84

7.1　深度学习基础 …………………………………………………………………………… 84
7.2　正向传播、反向传播算法 ……………………………………………………………… 85
7.3　非线性激活函数 ………………………………………………………………………… 86
7.4　Dropout 正则化方法 …………………………………………………………………… 87
7.5　GPU 加速运算 …………………………………………………………………………… 88

第 8 章　基于深度学习的计算机视觉之卷积神经网络 ………………………………… 89

8.1　卷积神经网络基本架构 ………………………………………………………………… 89
　　8.1.1　卷积层 ……………………………………………………………………… 89
　　8.1.2　池化层 ……………………………………………………………………… 91
　　8.1.3　全连接层 …………………………………………………………………… 92
　　8.1.4　Softmax 激活函数 ………………………………………………………… 93
　　8.1.5　交叉熵损失 ………………………………………………………………… 93
8.2　AlexNet 结构详解 ……………………………………………………………………… 94
8.3　卷积神经网络的优点 …………………………………………………………………… 95

第 9 章　基于深度学习的计算机视觉之 TensorFlow ………………………………… 96

9.1　TensorFlow 的起源 …………………………………………………………………… 96
9.2　TensorFlow 基础知识 ………………………………………………………………… 97
　　9.2.1　安装 ………………………………………………………………………… 97
　　9.2.2　图计算 ……………………………………………………………………… 97
　　9.2.3　TensorFlow 2.0 …………………………………………………………… 97
　　9.2.4　张量 ………………………………………………………………………… 98
　　9.2.5　tf.data ……………………………………………………………………… 99
　　9.2.6　可视化 ……………………………………………………………………… 101
　　9.2.7　模型存取 …………………………………………………………………… 101
　　9.2.8　Keras 接口 ………………………………………………………………… 101

  9.2.9 神经网络搭建 ·············· 102
 9.3 代码实战：手写数字 ·············· 103

第10章 基于深度学习的计算机视觉之目标识别 ·············· 106

 10.1 目标识别的概念 ·············· 106
 10.2 构建数据集的方法 ·············· 107
 10.3 搭建神经网络 ·············· 108
 10.4 训练及效果评估 ·············· 109
 10.5 解决过拟合 ·············· 110
 10.6 数据增强 ·············· 113
 10.7 迁移学习 ·············· 115

第11章 基于深度学习的计算机视觉之两阶段目标检测 ·············· 118

 11.1 什么是目标检测 ·············· 119
 11.2 目标检测的难点 ·············· 119
 11.3 目标检测的基础知识 ·············· 120
  11.3.1 候选框 ·············· 120
  11.3.2 交并比 ·············· 120
  11.3.3 非极大值抑制 ·············· 121
  11.3.4 传统目标检测基本流程 ·············· 122
 11.4 目标检测效果评估 ·············· 122
 11.5 二阶段算法：R-CNN类网络 ·············· 125
  11.5.1 R-CNN网络 ·············· 125
  11.5.2 Fast R-CNN网络 ·············· 127
  11.5.3 Faster R-CNN网络 ·············· 129
 11.6 代码实战 ·············· 132

第12章 基于深度学习的计算机视觉之一阶段目标检测 ·············· 146

 12.1 YOLO网络 ·············· 146
  12.1.1 YOLO起源 ·············· 147
  12.1.2 YOLO原理 ·············· 147
  12.1.3 YOLOv2原理 ·············· 152
  12.1.4 YOLOv3原理 ·············· 157
  12.1.5 YOLO应用 ·············· 158
 12.2 SSD网络 ·············· 160
 12.3 代码实战：车牌识别 ·············· 162

第 13 章　人脸识别：传统方法 VS 深度学习 ……… 171

- 13.1　人脸识别技术的历史 ……… 171
- 13.2　人脸识别技术的发展前景 ……… 172
- 13.3　人脸识别技术主要流程 ……… 173
  - 13.3.1　人脸识别的主要流程 ……… 173
  - 13.3.2　人脸识别的主要方法 ……… 175
  - 13.3.3　人脸识别的技术指标 ……… 181
- 13.4　深度学习方法 ……… 182
- 13.5　人脸识别的挑战 ……… 187

第 14 章　基于深度学习的计算机视觉：生成模型 ……… 190

- 14.1　自动编码器 ……… 190
  - 14.1.1　去噪自动编码器 ……… 191
  - 14.1.2　变分自动编码器 ……… 192
- 14.2　风格迁移 ……… 196
- 14.3　GAN 网络 ……… 200

参考文献 ……… 205

第 1 章 机器看世界

1.1 计算机眼里的图像

图像一直以直观著称,一张图像包含的信息很多,所谓一图胜千言,对于人来说,理解图像非常方便,几乎是一眼就能理解图像表达的意思,科学研究表明这是因为人的大脑有一套注意力集中机制,对于图像中存储的海量信息,人脑能快速地找到其中最重要的信息。但是对计算机来说,图像只是一个由数字组成的矩阵,和别的数据没有任何区别。如图 1-1 所示,人眼中的美女图像,在计算机中为 R、G、B 三色的三个矩阵表达。所以,对计算机来说,处理图像和处理其他数据几乎没有任何差别,甚至处理图像更加困难,因为对图像的处理往往涉及矩阵甚至张量,而非一个简单的数字或向量。

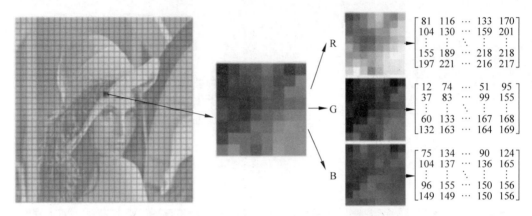

图 1-1 人眼中的图像 vs 计算机中的图像

为什么处理图像和处理其他数据几乎没有任何差别呢？这是因为给计算机一个矩阵，它并不知道这个矩阵究竟是图像还是别的什么。所以所谓的计算机视觉，说到底，是想让计算机"看到"人能看到的某个目标物体，举个例子，在车牌识别问题中，目标物体就是车牌，计算机只需要看到车牌，就完成了目标。那么对于人看不到的东西，计算机即使看到了，也不会显示。

1.2 计算机视觉的起源

长期以来，赋予机器看世界的能力是科学家们一直奋斗的目标。1982 年《视觉》(Marr, 1982)一书的问世，标志着计算机视觉这门学科的诞生。此后，计算机视觉的发展经历了四个阶段：第一阶段，马尔计算视觉；第二阶段，主动和目的视觉；第三阶段，多视几何和分层三维重建；第四阶段，基于学习的视觉。四个阶段虽然是依次进行的，但不能说哪一个最好，哪一个不好，只是后者比前者更加顺应当时的时代。下面详细讲解各个阶段的主要思想和优缺点。

1.2.1 马尔计算视觉

马尔计算视觉的主要思想是大脑可以快速完成三维重建，想象一下，当你看到美女的照片时，一个真实的美女就会在你的脑海中，你的大脑一瞬间就完成了从二维图片到三维物体的重建。马尔认为，三维重建是可以完全靠计算来实现的。当时人们认为大脑的神经计算和计算机的数值计算没有区别，这大体上是对的，但现在来看会有例外情况，这也成为后来神经网络兴起的重要原因。图 1-2 显示了在计算机中做三维重建的过程。

马尔认为，图像是物理实体在视网膜上的投影，所以理解了物理信息，就可以理解图像信息。简而言之，其视觉计算理论就是要"挖掘物体的物理属性来完成对应的视觉问题"。其意义在于，如果简单地从数学角度出发，很多图像具有"歧义性"，如典型的左右眼图像之间的对应问题。如果计算机没有任何先验知识,仅靠矩阵描述,图像的对应关系不能唯一确定。一张图像里往往含有多个物体,而人类总能找到最重要的,这是长期以来形成的经验。

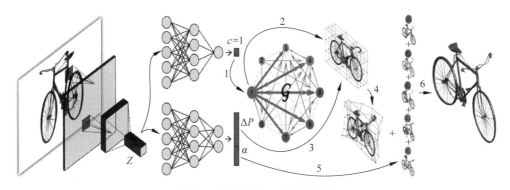

图 1-2　计算机的三维重建过程

1.2.2　主动和目的视觉

马尔视觉的泛化性不够理想,很难在工业界实现,可以想象,由计算机对任何物体做三维重建是多么困难。美国的 R.Bajcsy 教授,如图 1-3 所示,提出了主动视觉的概念,主要思想是视觉要有目的性,例如在一张百人合影里面,人能轻松地找到自己的位置,或者自己好友的位置,而对其他人"视而不见"。三维重建并非视觉的目的,找到想看到的图像才是根本目的。这个想法的初衷是很美好的,但是要想实现大脑的"注意力机制",无论是当时还是现在,几乎都是不可能实现的,可能在遥远的未来能够实现,近年来的深层神经网络,以及连接组学的发展,都是向着这一目标前进。

图 1-3　R.Bajcsy 教授,提出了主动视觉的概念,现在加州大学伯克利分校担任电子计算机学教授

1.2.3 多视几何和分层三维重建

随着主动视觉昙花一现,多视几何走向繁荣,多视几何的代表性人物有法国的 O. Faugeras、美国的 R. Hartely 和英国的 A. Zisserman 等。多视几何的目的是增加三维重建算法的效率和精度,使其能真正落地。其中,大型场景的重建工作最为困难。举个例子,要三维重建清华大学,为了保证完整性,需要获取大量的图像,大部分图像可以由无人机取得,死角可能还需要人工完成。至少要获取几万幅地面高分辨率图像和几千幅无人机高分辨率图像,三维重建就是从这些图像中选取合适的图像集,然后对拍摄位置信息进行标定并重建出场景的三维结构。如此巨大的数据量,依靠人力是不太可能实现的,因此整个流程几乎需要全自动进行。这就对重建算法的鲁棒性提出了很高的要求,试想,如果你的算法能对清华大学完成重建,却不适用于北京大学,那么这个算法是不能实际广泛运用的。同时,在泛化性保证的情况下,三维重建的速度也是一个巨大的挑战。简而言之,多视几何的研究重点是如何高效、鲁棒性强地重建大场景。

所谓分层三维重建就是指三维重建过程不是从二维图像一步到三维结构,而是分步地进行。首先做射影变换(Projective Reconstruction),然后做仿射变换(Affine Reconstruction),最后把需要重建的点映射到真实的欧几里得空间(Metric Reconstruction)。

1.2.4 基于学习的视觉

基于学习的视觉是本书的主要内容,以机器学习为主要手段,包括流形学习和深度学习两大流派。本书将会重点讲述深度学习在计算机视觉的各种应用。

图 1-4 著名的 ImageNet 数据集,卷积神经网络在其上的准确率已经超过人类

流形学习始于 2000 年（Roweis 和 Lawrence 2000），最困难的问题是没有很好的理论来确定流形的维度。经研究发现，多数情况下流形学习的结果还不如传统的降维方法，如主成分分析和线性判别分析等。

深度学习虽然是近年才火起来的（LeCun et al. 2015），但是其效果非常好，并且新模型层出不穷。深度学习更像是实践科学，和前几个阶段不同，并非有很完善的理论支撑。往往在不停的尝试中，模型得到改善。在静态物体的识别上，卷积神经网络已经超过了人类的准确度(ImageNet 上的物体分类，如图 1-4 所示)。这主要是因为深度学习适合这种非结构化的数据，就像人脑一样，你无法明确地得知其内部的真实结构，但是它的效果就是很好。相信未来有一天，我们会弄懂大脑所有的结构，也会弄懂深度学习的原理。

1.3　计算机视觉的难点

相信读者通过了解计算机视觉的发展过程后，都会或多或少地明白计算机视觉的难点：三维重建和鲁棒性。

三维重建之所以对人来说非常简单，主要是因为人本身就生活在三维世界中，而计算机却是一个二维"生物"。试想，如果让你重建一个四维场景，比如说，太阳从升起到落下的全过程，给你 100 幅太阳从升起到落下过程的照片，你能完整地还原出整个过程吗？计算机做三维重建，就好像人做四维重建一样，可想而知，困难异常。但是通过人的帮助，可以使计算机更准确地完成这个目标。图 1-5 通过延时摄影技术显示了四维重建的星空场景。

图 1-5　星空四维重建

鲁棒性的问题简单来说是先验知识和注意机制的问题。对于人来说，即使只是轮廓，或者很模糊的图片，也能大致猜出是什么。相信大家小时候都看过神奇宝贝，其中每集中间都会有一个"猜猜我是谁"的环节，如图 1-6 所示，给出一只神奇宝贝的轮廓，让你猜它的名字。对于人来说，即使是小孩子，这也非常简单，往往都能答对，但对计算机来说，就困难了许多。

计算机视觉往往有严格的限制，一个模型在某个场景效果不错，但是一旦环境发生了变化，或者物体转过一定的角度，或者改变了颜色，都会使效果骤降。

图 1-6　神奇宝贝节目中的"猜猜我是谁"环节，这张图的答案是超梦

1.4　深度学习的起源

人工神经网络其实早在 20 世纪 60 年代就已经萌芽，但是当时由于计算机的硬件资源有限，只能实现较浅的神经网络，并且早期的神经网络只使用线性运算，所以经过初期的热潮后，迅速降温。图 1-7 为我们展示了早期的感知机模型。

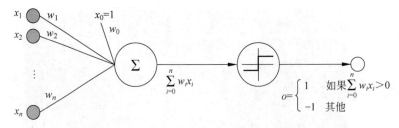

图 1-7　感知机模型，最早的神经网络，层数较浅，只有线性运算

21 世纪，加拿大教授 Geoffrey Hinton 提出深度学习，以及训练方法的改进，打破了神经网络发展的瓶颈。主要观点：首先，使用深层神经网络可以更好地解决分类问题；其次，采用逐层训练的方法，将上一次训练好的结果作为下一次训练过程中的初始化参数，也就是我们常说的反向传播算法。

对于一个两层的神经网络，加入非线性激活项后，就可以拟合任意函数，那么为什么深层神经网络更好呢？这主要是因为其机制更符合大脑的机制。1981 年的诺贝尔医学奖获得者发现了人的视觉系统是分级处理信息的。从视网膜出发，经过 V1 区提取边缘特征，到 V2 区形成基本形状，再到 V4 区获取整个目标，以及最后前额叶皮层进行分类判断等，如图 1-8 所示。

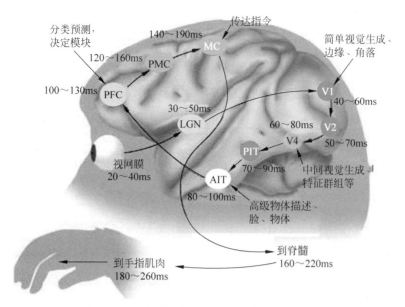

图 1-8　人的视觉系统，获得 1981 年诺贝尔医学奖

深层神经网络正是采用了人脑的构造，对于一个复杂的问题分层治之。例如计算机视觉常用的卷积神经网络，每一层会提取到不同尺度的特征图，作用也不尽相同。同时，深层神经网络也并非越深越好，就像大脑也就十几层，对于大部分场景来说，十几层的网络已经可以解决 99% 的问题，再加深确实可以提高精度，但是带来的收益已经微乎其微。

1.5　基于深度学习的计算机视觉

为什么要用深度学习解决计算机视觉的问题呢？要回答这一问题需要从计算机的难点出发。

第一是三维重建，三维重建需要海量的照片和数据，由人工来提取重要特征，特别是边缘特征和物理特征相当困难，而深度学习模型的好处就是可以自动提取重要特征，并且模仿生物视觉，逐层分解，分配不同的不同层级对图像进行处理，如图 1-9 所示。有的层处理边缘特征和不平滑区域，有的层处理纹理、形状和颜色，有的层处理图像风格，有的层处理类别等。

第二是鲁棒性，深度学习的通用性很强，对于 ImageNet 数据集，其中的类别就有两万多类，从大物体到小物体都有，各种环境和场景层出不穷，然而，深度学习在其上表现相当之好，无论何种场景，物体都能较为准确地识别。这归功于在训练时，对图像进行了数据增强，每张图片会进行随机剪裁、翻转和颜色变化，以增加模型的鲁棒性。

对于大脑的注意力机制，深度学习也进行了模仿。首先，卷积神经网络，详细结构如图 1-10 所示，此结构使用卷积层获得局部信息，而非使用整张图片的信息；其次，对于不同的区域给予不同的权重，有物体的区域权重自然更大；最后，深度学习的迁移能力很强，从

A 场景学到的特征,大部分可以适用到 B 场景中,只需要重新学习最后几层即可。这也是模仿了人类的学习方式,试想当一个人学会了英语之后,再去学习法语就会变得简单很多。

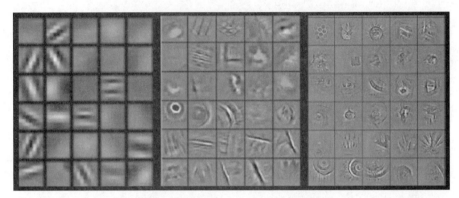

图 1-9　深度学习模型,不同层提取的不同特征示例。最左边的图提取了位置和颜色等信息,最右边的图提取了物体类别信息

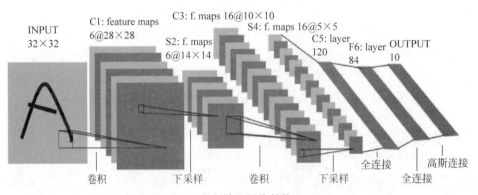

图 1-10　CNN 卷积神经网络结构(LeCun et al. 1998)

1.5.1　研究方向

计算机视觉主要研究方向有图像识别、目标检测、图像分割、目标跟踪等。

图像识别,也叫图像分类,如图 1-11 所示,是计算机视觉最基础的任务,可以分为物种级分类、子类分类和实例级分类,主要模型有 VGG、GoogleNet、ResNet 等,常用的数据库有 Minist 手写数字、cifar10、cifar100、ImageNet 等。难点在于样本不均衡、图像有噪声等。图 1-12 展示了 Minist 手写数字数据集。

目标检测,如图 1-13 所示,除了识别出物体类别外,还需要框出物体位置信息,例如智能相机中的人脸检测功能。传统上我们可以用 OpenCV 来解决这类问题,但是召回率比较低。常用的模型有 Fast R-CNN、YOLO 和 SSD 等。难点在于小物体的识别。

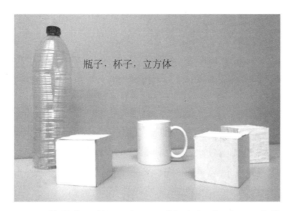

图 1-11　图像分类示例，只需要识别出水瓶、杯子和立方体即可

图 1-12　Minist 手写数字数据集示例

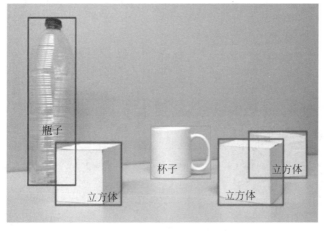

图 1-13　目标检测示例，除了识别出物体类别，还需要框出物体的位置

图像分割,如图 1-14 所示,属于计算机视觉最高层次的理解范畴。目标就是把图像分割成具有相似特性的若干个区域,并使它们对应物体的不同部分或不同的物体。例如最简单的图像分割是将天空和大地分割开。常用的模型是全卷积神经网络,如图 1-15 所示,先将图片通过卷积层提取重要的特征,再经过反卷积层,重新生成一张图片。难点是多尺度特征融合和边缘特征提取等。

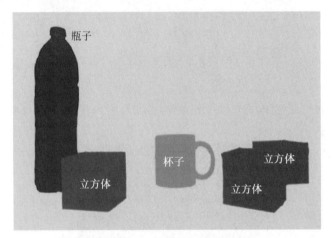

图 1-14 图像分割示例,相比于检测,对物体的轮廓信息更加精确

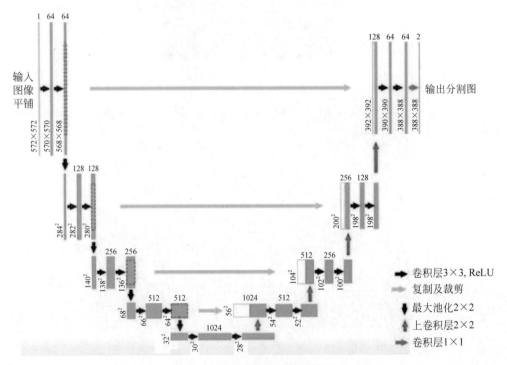

图 1-15 转置卷积神经网络示例

目标跟踪也可以看成连续的目标检测，目的就是在视频中对物体进行连续跟踪。目标跟踪常用在监控系统中。跟踪算法可以被分为生成式和判别式两大类别。深度学习主要应用在判别式模型上，著名的模型有 SO-DLT 和 FCNT 等。不同于目标检测、物体识别等领域深度学习一家独大的形势，深度学习在目标跟踪方向还未能达成垄断地位，其主要难点在于数据缺失和物体快速移动。图 1-16 展示了利用多方向递归神经网络实现目标跟踪。

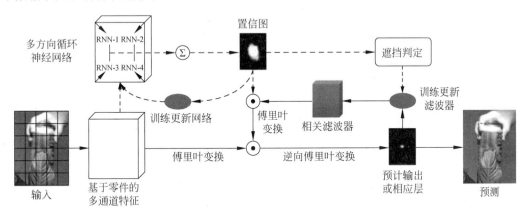

图 1-16　利用多方向递归神经网络实现目标跟踪

提到深度学习相关的计算机视觉，不得不提到最近流行的风格迁移，以及 GAN 生成式对抗网络，GAN 网络基本原理如图 1-17 所示。基本思想原理就是通过深层神经网络获取某一类图片的特征，继而生成虚拟的图片，从而达到以假乱真的效果。例如现在流行的 ZAO 应用就是运用了此技术。图 1-18 展示了计算机通过 GAN 生成式对抗网络生成的足以以假乱真的图片。

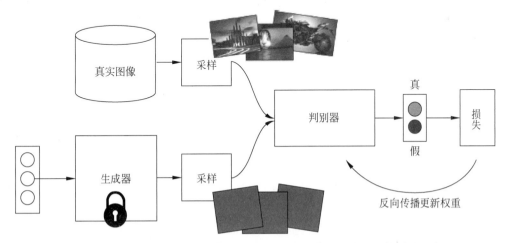

图 1-17　GAN 网络基本原理，可以看出 GAN 网络由生成器和判别器组成

图1-18 通过GAN生成的以假乱真的图片

1.5.2 未来发展

目前对于计算机视觉监督学习领域，深度学习已经取得了很大的进展，然而在非监督学习领域（举个例子，人在学习了鸟这种动物后，再见到一种自己没有见过的鸟类，会自动将它归类为鸟类，这不单单是靠有没有翅膀的因素，因为即使见到有翅膀的人，也不会把其归类到鸟类），深度学习还不完善，在现实世界中，很多问题往往是非监督的，因为不可能靠人工去标注成千上万张图像。

除此之外，计算机可以为人类减少大量的重复劳动，例如工厂自动分拣、智能安防、自动批改作业、智能扫地机器人、自动购物和自动驾驶等。相信在不久的将来，机器眼中的世界会和人类眼中的世界一样精彩。

第 2 章 传统图像处理之 OpenCV 的妙用

OpenCV(Open Source Computer Vision Library)顾名思义就是开源的计算机视觉库，采用 C 和 C++编写，也提供了 Python 和 Matlab 等语言的接口，并且在各大操作平台上均可以运行，OpenCV 官网如图 2-1 所示。

图 2-1　OpenCV 官网

OpenCV 不只是简单地提供了计算机视觉常用的操作，更对其中的关键算法进行了优化和提速，从而可以进行多线程处理。可以说 OpenCV 是一个完整的计算机视觉处理框架。说到 OpenCV，不得不提的是它的开发者 Gary Bradski，当然还要感谢谷歌和英特尔公司的大力支持。

目前，最新版本为 OpenCV 4.1.1，拥有超过 2500 种不同的算法和函数，当然也包括最新的深度学习模型，并拥有完善的说明文件和教程：

https://docs.opencv.org/master/d9/df8/tutorial_root.html

常见问题论坛：

https://answers.opencv.org/questions/

当然，它也有不完善的地方，你可以随时提出意见，也可以对代码进行修改，我认为每个人都不应该只是使用它，而是应该想办法完善它。

注意，本章下面介绍的均为 OpenCV 2 的内容。

2.1　OpenCV 安装

如果你使用 Python，那么安装 OpenCV 将会非常简单。只需要以下一行代码：

```
pip install opencv-python
```

如果下载速度太慢，可以考虑使用镜像：

```
pip install opencv-python -i https://pypi.tuna.tsinghua.edu.cn/simple
```

安装完后，记得按照图 2-2 所示检验一下。

```
Python 2.7.16 (default, Sep  2 2019, 11:59:44)
[GCC 4.2.1 Compatible Apple LLVM 10.0.1 (clang-1001.0.46.4)] on darwin
Type "help", "copyright", "credits" or "license" for more information.
>>> import cv2
>>>
```

图 2-2　正确安装后，输入 import cv2，如果没有报错，就可以正常使用 OpenCV2 了

2.2　OpenCV 模块

OpenCV 的模块很多，详见图 2-3，下面介绍比较重要的几个模块：

【CUDA-accelerated Computer Vision】：CUDA 加速模块

【Core functionality】：核心功能模块，含各种 C++ 操作、接口、矩阵运算

【Image Processing】：图像处理模块，包含图像处理 4 大任务

【Image file reading and writing】：图像读取和保存模块

【Video I/O】：视频读取和保存模块

【Video Analysis】：视频分析模块

【Camera Calibration and 3D Reconstruction】：相机校准和 3D 重建模块

【2D Features Framework】：2D 功能框架模块

【Object Detection】：目标检测模块

【Deep Neural Network module】：深度学习模块

【Machine Learning】：机器学习模块

【Clustering and Search in Multi-Dimensional Spaces】：多维空间模块

【Computational Photography】：计算摄影模块

【Images stitching】：图像拼接模块

【G-API framework】：图论框架模块

【ArUco Marker Detection】：ArUco 标记检测模块

【Improved Background-Foreground Segmentation Methods】：背景、前景分割模块

【Biologically inspired vision models and derivated tools】：基于生物的视觉模型和工具模块

【Custom Calibration Pattern for 3D reconstruction】：传统模式三维重建模块

Here is a list of all modules:

[detail level 1 2 3 4]

- ▶ CUDA-accelerated Computer Vision
- ▶ Core functionality
- ▶ Image Processing
- ▶ Image file reading and writing
- ▶ Video I/O — Read and write video or images sequence with OpenCV
- ▶ High-level GUI
- ▶ Video Analysis
- ▶ Camera Calibration and 3D Reconstruction
- ▶ 2D Features Framework
- ▶ Object Detection
- ▶ Deep Neural Network module
- Machine Learning
- Clustering and Search in Multi-Dimensional Spaces
- ▶ Computational Photography
- ▶ Images stitching
- ▶ G-API core (basic) functionality
- ▶ G-API image processing functionality
- ▶ G-API framework
- ArUco Marker Detection
- Improved Background-Foreground Segmentation Methods
- Biologically inspired vision models and derivated tools
- Custom Calibration Pattern for 3D reconstruction

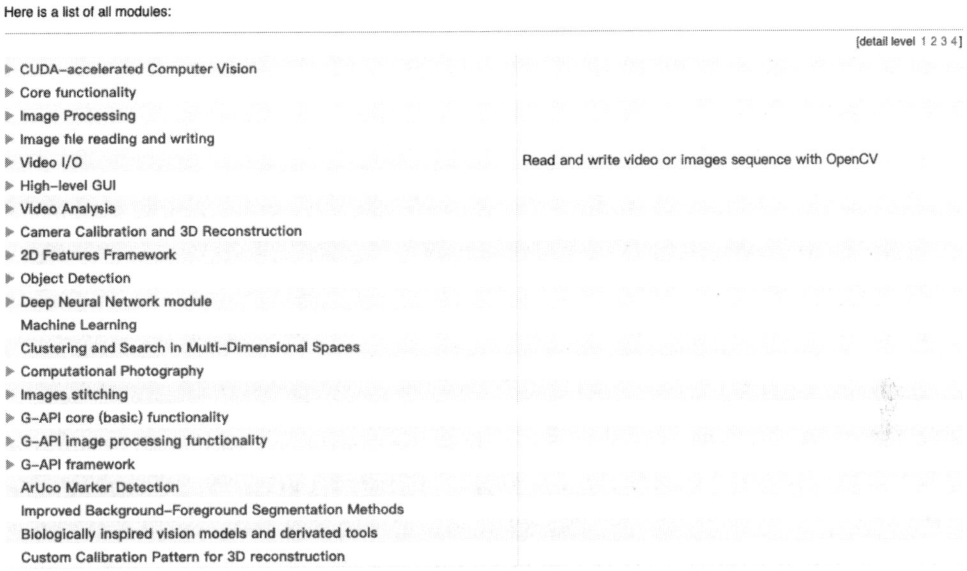

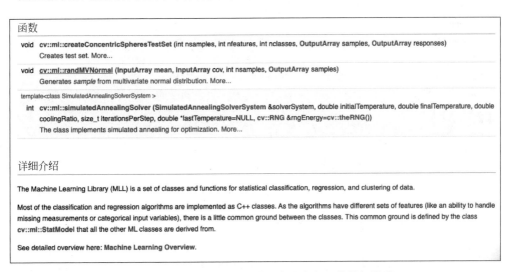

图 2-3　OpenCV 各模块分类

点进模块后就能看到里面的各种类与函数，以及详细的用法说明，如图 2-4 所示。

函数

void **cv::ml::createConcentricSpheresTestSet** (int nsamples, int nfeatures, int nclasses, **OutputArray** samples, **OutputArray** responses)
Creates test set. More...

void **cv::ml::randMVNormal** (**InputArray** mean, **InputArray** cov, int nsamples, **OutputArray** samples)
Generates *sample* from multivariate normal distribution. More...

template<class SimulatedAnnealingSolverSystem >
int **cv::ml::simulatedAnnealingSolver** (SimulatedAnnealingSolverSystem &solverSystem, double initialTemperature, double finalTemperature, double coolingRatio, size_t iterationsPerStep, double *lastTemperature=NULL, **cv::RNG** &rngEnergy=**cv::theRNG**())
The class implements simulated annealing for optimization. More...

详细介绍

The Machine Learning Library (MLL) is a set of classes and functions for statistical classification, regression, and clustering of data.

Most of the classification and regression algorithms are implemented as C++ classes. As the algorithms have different sets of features (like an ability to handle missing measurements or categorical input variables), there is a little common ground between the classes. This common ground is defined by the class **cv::ml::StatModel** that all the other ML classes are derived from.

See detailed overview here: **Machine Learning Overview**.

图 2-4　OpenCV 机器学习模块中的类与函数详细说明

2.3　OpenCV 数据存取

OpenCV 支持各种类型与格式的图像数据，读取方式非常简单，使用 cv2.imread(path, flag) 函数即可，该函数有两个参数：第一个参数 path 指图片所在路径，一般需要加英文双引号""；第二个参数 flag 指读取方式，默认值为 cv2.IMREAD_COLOR，默认读取彩色图片，可选值为 cv2.IMREAD_GRAYSCALE 和 cv2.IMREAD_UNCHANGED，注意读取的默认颜色空间是 BGR 而非常用的 RGB。

【代码 2-1】

```
import cv2
#读取图片
img = cv2.imread("图片所在路径", cv2.IMREAD_COLOR)
```

那么读取出的 img 是什么格式的数据呢？相信大家已经猜到了，是一个三维张量的形式。一般来说读完数据后，需要将图片放在特定的颜色空间中进行处理。常用的颜色空间会在第 3 章详细讲解。

那么读取或修改后的图片如何显示呢？使用 cv2.imshow("图片名字",img) 函数即可，第一个参数为显示图片的名字，第二个为需要显示的图片矩阵。需要注意的是，函数运行的时间很短，会出现图片一瞬即逝的感觉，如果需要使得图片长时间停留在显示屏上，可以输入 cv2.waitKey(0)，这样在按下任意键前，图片会一直显示。

【代码 2-2】

```
#在屏幕上长时间显示图片
cv2.imshow("图片名字",img)
cv2.waitKey(0)
```

最后就是保存图片了，cv2.imwrite("图片文件名字",img) 和图片显示函数 imshow 的参数一致，不过此时的图片名字为保存的图片文件名字，所以需要加上后缀，如 png、jpg 等。

【代码 2-3】

```
#保存图片
cv2.imwrite("图片名字.png",img)
```

2.4　OpenCV 图像基本操作

这一节介绍 OpenCV 中对图片的各种基本操作，包括缩放、裁剪、旋转、翻转、色彩、对比度变化等。这些操作在后面的模型训练中起着至关重要的作用，可以说是任何模型训练的第一步,也就是数据预处理和数据增强。

2.4.1　OpenCV 图像缩放

当数据集的图像大小不一时,我们就需要用到图像缩放,使所有图片大小保持一致,函数是 cv2.resize(),此函数有两个参数,第一个参数为目标图像,第二个参数为缩减的比例。

【代码 2-4】

```
#图像缩放
import numpy as np
import cv2
#读取图片
img = cv2.imread("图片名称,包含完整路径")
#进行缩放
img = cv2.resize(img,(1,1))
#显示图片
cv2.imshow("图片缩放",img)
cv2.waitKey(0)
```

2.4.2　OpenCV 图像裁剪

普通的图像裁剪非常简单,由于读取的图像存储方式为矩阵,所以我们只需取矩阵的一部分就完成了裁剪。

【代码 2-5】

```
#图像裁剪
import numpy as np
import cv2
#读取图片
img = cv2.imread("图片名称,包含完整路径")
#进行裁剪,取左上角 10×10 小块
patch = img[0:10,0:10]
#显示图片
cv2.imshow("图片裁剪", patch)
cv2.waitKey(0)
```

大部分时候我们很难得知需要裁剪的具体位置,所以我们需要使用随机裁剪功能,这也是常用的数据增强手法。OpenCV 中没有专门的随机裁剪函数,但是我们可以使用 random() 函数进行随机裁剪。图 2-5 展示了 AI 火箭营图标随机裁剪两次的结果。

图 2-5　AI 火箭营图标随机裁剪结果

【代码 2-6】

```
#图像随机裁剪
import numpy as np
import cv2
import random
#读取图片
img = cv2.imread("图片名称,包含完整路径")
#得到图片形状
w,h,d = img.shape
#通过随机数,取得裁剪位置
x = random(0,w)
y = random(0,h)
#进行裁剪
patch = img[x:w,y:h]
#显示图片
cv2.imshow("图片裁剪", patch)
cv2.waitKey(0)
```

2.4.3　OpenCV 图像旋转

图像旋转也是重要的操作之一,当图像的方向为非水平方向时,就需要通过旋转使其变成水平方向。同样,通过旋转操作,也能做数据增强,从而增加数据量。

在 OpenCV 中,图像旋转有两种实现方式:

第一种主要通过仿射变换,所用函数为 cv2.warpAffine(),此函数有三个参数,分别为需要旋转的图像、仿射变换矩阵,以及输出图像的大小。图 2-6 展示了 AI 火箭营图标经过仿射变换后进行了旋转、平移和缩放。

仿射变换,也称仿射映射,是指一个向量空间通过一次线性变换后,变为另一个向量空间。可以用如下公式表达:

$$y = Ax + b \tag{2-1}$$

其中矩阵 A 表示旋转与缩放,向量 b 表示平移。下面给出常用的仿射变换对应的矩阵。

图 2-6　AI 火箭营图标经过仿射变换后进行了旋转、平移和缩放

平移变换：水平方向平移 x 个单位，竖直方向平移 y 个单位

$$\boldsymbol{A} = \begin{pmatrix} 1 & 0 \\ 0 & 1 \end{pmatrix} \quad \boldsymbol{b} = \begin{pmatrix} x \\ y \end{pmatrix}$$

（1）旋转变换，顺时针旋转 θ

$$\begin{pmatrix} \cos(\theta) & -\sin(\theta) & 0 \\ \sin(\theta) & \cos(\theta) & 0 \end{pmatrix}$$

（2）缩放变换，水平方向变为 a 倍，竖直方向变为 b 倍

$$\begin{pmatrix} a & 0 & 0 \\ 0 & b & 0 \end{pmatrix}$$

（3）翻转变换

$$\begin{pmatrix} 1 & 0 & 0 \\ 0 & -1 & 0 \end{pmatrix}$$

【代码 2-7】

```python
#图像旋转
import numpy as np
import cv2
#读取图片
img = cv2.imread("图片名称,包含完整路径")
#仿射变换矩阵
M = np.array([[0,0.5,-10],[0.5,0,0]])
#旋转图片
img1 = cv2.warpAffine(img,M, (750,750))
#显示图片
cv2.imshow("图片旋转", img1)
cv2.waitKey(0)
```

第二种使用OpenCV内置函数实现,所用的函数为cv2.getRotationMatrix2D(),此函数共三个参数,分别为图片旋转中心、逆时针旋转角度,以及缩放的倍数。和裁剪一样,这里也可以使用random()实现随机选择和平移等功能,和前面的实现方法一样,在这里就不赘述了。

【代码 2-8】

```
#图像旋转
import numpy as np
import cv2
#读取图片
img = cv2.imread("图片名称,包含完整路径")
#旋转图片
img1 = cv2.getRotationMatrix2D ((0,0),90,1)
#显示图片
cv2.imshow("图片旋转", img1)
cv2.waitKey(0)
```

2.5 从摄像头读取

OpenCV不仅能对图像进行处理,还能对视频进行处理。上面我们讲了图片的读取方式,现在让我们探索视频的读取方式,除了可以从文件读取视频外,OpenCV还可以直接从计算机的摄像头读取视频。实现方法很简单,我们只需要使用cv2.VideoCapture()函数即可。此函数只有一个参数,0为计算机摄像头,1为其他来源。注意,此函数每次读取时得到的是视频的一帧。图2-7展示了OpenCV调用计算机的摄像头所拍出的图像。

【代码 2-9】

```
#从摄像头读取
import cv2
import numpy as np
#创建摄像头
capture = cv2.VideoCapture(0)
while(True):
    #读取一帧
    ret, frame = capture.read()
    #显示一帧
cv2.imshow("capture", frame)
#关闭摄像头
capture.release()
```

那么读取视频后如何保存呢?很简单,使用cv2.VideoWriter()函数创建视频保存器即可。和读取的时候一样，也需要一帧一帧地保存，使用cv2.putText()函数，可选参数为帧名称、帧标题、标题位于左上角坐标、字体、字体大小、颜色、字体粗细。现在当你离开计算机的时候，就可以调用摄像头监控有谁来动你的计算机了。读者们赶紧动手尝试一下吧！

图2-7　OpenCV调用摄像头拍出的图像

【代码2-10】

```
# 从摄像头读取并保存录像
import cv2
import numpy as np
# 创建摄像头
capture = cv2.VideoCapture(0)
# 帧率
fps = 60
# 保存格式(mp4)
fourcc = cv2.VideoWriter_fourcc(*'mp4v')
# 创建保存器
vout = cv2.VideoWriter()
vout.open("保存录像的名字,包含完整路径",fourcc,fps, (1280,720),True)
# 读取一帧并保存
for i in range(100):
    _, frame = capture.read()
    cv2.putText(frame, str(i), (10, 20), cv2.FONT_HERSHEY_PLAIN, 1, (0,255,0), 1, cv2.LINE_AA)
    vout.write(frame)
# 释放资源
vout.release()
capture.release()
```

2.6 矩阵操作

作为计算机保存图像的基本数据格式,矩阵的基本操作必须要牢牢掌握,OpenCV 中有大量的矩阵操作,下面为大家介绍比较常用的矩阵操作函数:

以下函数的可选参数均为:输入矩阵 InputArray1、InputArray2、……输出矩阵 OutputArray,图像掩码(只有掩码不为 0 的位置会被计算)InputArray mask 和输出矩阵类型 dtype。

cv2.abs():计算矩阵中所有元素的绝对值

cv2.add():计算两个矩阵中对应元素的和

cv2.subtract():计算两个矩阵中对应元素的差

cv2.multiply():计算两个矩阵中对应元素的积

cv2.divide():计算两个矩阵中对应元素的商

cv2.bitwise_and():计算两个矩阵中对应元素的与

cv2.bitwise_or():计算两个矩阵中对应元素的或

cv2.calcCovarMatrix():计算一组向量的协方差

cv2.compare():对两个矩阵中对应元素应用选择的比较运算符

cv2.completeSymm():补全对称矩阵

cv2.countNonZero():计算矩阵中的非零元素个数

cv2.dct():计算矩阵的离散余弦变换

cv2.idct():计算矩阵的离散余弦逆变换

cv2.idft():计算矩阵的离散傅里叶逆变换

cv2.determinant():计算矩阵的行列式

cv2.eigen():计算矩阵的特征向量和对应的特征值

cv2.flip():计算矩阵的翻转矩阵

cv2.inRange():实现二值化功能,参数有 3 个,第一个是原图,第二个是最小色值 array,第三个是最大色值 array,在最小和最大之间的色值取 1,其他取 0,返回原图大小一致的 shape array,值都为 1

cv2.invert():计算矩阵的逆矩阵

cv2.sum():计算矩阵所有元素的和

cv2.max():计算矩阵所有元素的最大值

cv2.min():计算矩阵所有元素的最小值

cv2.meanStdDev():计算矩阵各元素的均值和标准差

cv2.merge():将多个单通道矩阵合并为一个多通道矩阵

cv2.split():将一个多通道矩阵分割成多个单通道矩阵

cv2.norm():计算两个矩阵的归一化相关系数

cv2.normalize()：将矩阵中的元素标准化到某一数值内

cv2.phase()：计算向量的方向

cv2.pow()：计算矩阵各元素的幂

cv2.randu()：用均匀分布的随机数填充矩阵

cv2.randn()：用随机分布的随机数填充矩阵

cv2.randShuffle()：随机打乱矩阵，图 2-8 展示了 AI 火箭营图标经过 cv2.randShuffle()随机打乱后的效果图

cv2.reduce()：将矩阵降维为向量

cv2.solve()：求线性方程的解

cv2.sort()：在矩阵中按照行或列进行排序

cv2.sqrt()：计算矩阵各元素的平方根

cv2.trace()：计算矩阵的迹

cv2.transpose()：计算转置矩阵

图 2-8　AI 火箭营图标经过 cv2.randShuffle()随机打乱后的效果图

第 3 章 传统图像处理之寻找特征

在深度学习广泛应用之前,也就是我们所说的传统图像处理,人们是如何处理图像的呢?首先找出图片中的关键特征,然后对这些特征进行识别、检测、分割等。为什么这样做呢?这是因为人对图像的理解正是建立在这些特征之上的,所以人们认为计算机要对图片进行处理,也需要先寻找特征。所以,在让计算机理解图像之前,先让我们来熟悉一下图像的基本特征。图像的特征分类层出不穷,最常用的是颜色特征、几何特征、局部特征等,近年来应用广泛的卷积神经网络效果好的原因之一就是保留了局部特征。下面就让我们探索一下不同的特征吧。

3.1 颜色特征

有读者可能会说,颜色还不简单,只要不是色盲,还能认不出颜色吗?那么请问大家能认清女朋友口红的色号吗?如图 3-1 所示,光红色口红就有几十种。颜色特征是在图像领域中应用最为广泛的特征,主要原因在于目标物体或场景往往和颜色十分相关。而且,与其他特征相比,颜色特征对图像本身的尺寸、方向、视角的依赖性较小,所以具有较高的鲁棒性。

首先,我们需要选择合适的颜色空间来描述颜色特征,颜色空间包括灰度图、RGB、HIS、HSL、HSV、HSB、YCrCb、CIE XYZ、CIE Lab 等;其次,我们要采用一定的量化方法将颜色特征表达为向量的形式;最后,还要定义相似度(例如常用的欧几里得距离)来衡量图像之间在颜色特征上的相似性。

3.1.1 RGB 颜色空间

相信大家都学过色彩三原色,即品红、黄、青(不是蓝色),因此我们从小就知道三原色可以混合出所有的颜色。与色彩不同,计算机显示使用的是光学三原色:红、绿、蓝。有趣的是光学三原色正好为色彩三原色的两两之和,如图 3-2 所示。为什么计算机要使用光学三原色呢?第一,这三种颜色在太阳光线中均存在,对应的波长分别为 700nm、546.1nm、435.8nm;第二,根据托马斯·杨和赫尔姆豪兹的研究,这三原色可以组合成任意种类的颜色;第三,这三种颜色混合相加后正好是白色。

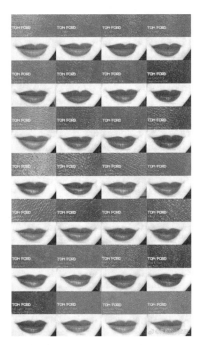

图 3-1 红色口红系列

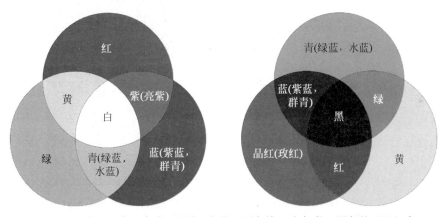

图 3-2 光学三原色和色彩三原色,光学三原色恰巧为色彩三原色的两两组合

RGB 模式是如何定义的呢?根据不同的亮度值,将每种颜色分为 0～255,所有颜色都可以用三种颜色混合得到,那么一共有 $(256 \times 256 \times 256=)16777216$ 种颜色。例如纯白色 $(255,255,255)$ 和纯黑色 $(0,0,0)$。图 3-3 展示了 Word 文档中的 RGB 调色板功能。

我们知道,图像在计算机中是以矩阵的形式保存的。对于 RGB 图像模式,一张图像就保存了三个矩阵,每个矩阵用于表示其中的一种颜色。由于矩阵的顺序不同,会有 RGB 模式、RBG 模式、BRG 模式等。应注意,无论是 RGB 模式、RBG 模式还是 BRG 模式,本质上都是一种模式,只不过颜色矩阵的存储顺序不同。图 3-4 展示了图像在计算机中是以 BGR

格式保存的。OpenCV 默认读取 BGR 模式的图片，所以只需要简单地读取就可以得到图像的 BGR 空间矩阵，参见代码 3-1。

图 3-3　Word 文档中的 RGB 调色板

图 3-4　AI 火箭营标志的 BGR 空间表达，所示矩阵为图片最左边一列像素值（行表示三色值，列表示像素位置），可以看出最左边一列均为白色(255,255,255)

【代码 3-1】

```
import cv2
# 读取图片,默认为 BGR 空间
img = cv2.imread("图片所在路径", cv2.IMREAD_COLOR)
# 输出矩阵
print(img)
```

3.1.2 HIS 颜色空间

HIS 模式是从人的视觉系统出发,用色调、饱和度和亮度来描述色彩,其可以用一个圆锥空间模型来描述,能把色调、亮度和饱和度的变化展现得非常清新明了。人们一般把色调和饱和度通称为色度,因为它们是用来表示颜色的类别与深浅程度。由于人对亮度的敏感性远强于对颜色色度的敏感性,为了便于色彩处理和识别,HIS 颜色模式模仿人类视觉系统,所以它比 RGB 模式更符合人的视觉特性。

在计算机视觉中大量算法都应用在 HIS 颜色模式,它们大都可以并行处理而且是相互独立的。因此,用 HIS 颜色模式可以大大简化图像处理的工作量。HIS 色彩空间和 RGB 色彩空间只是同一物理量的不同表示法,因而它们之间存在着转换关系。

HIS 颜色空间,H 指色调或色相,表示光线的波长,取值范围为 0~360 度;S 指饱和度,表示色彩的纯度,取值范围为 0~100%(饱和);I 指亮度,表示明暗程度,取值范围为 0~100%(白色)。

那么在计算机中如何使用不同的颜色空间呢?下面就教大家在 OpenCV 中使用常用的颜色空间转换代码,实现非常简单,只需要一个 cv2.cvtColor(img,cv2.COLOR_BGR2RGB)函数即可,此函数同样只有两个参数,第一个参数 img 为前面读取到图片矩阵,第二个参数为转换方式,可选的方法如图 3-5 所示。

转换类型	Opencv2.x	Opencv3.x
RGB<-->BGR	CV_BGR2BGRA、CV_RGB2BGRA、 CV_BGRA2RGBA、CV_BGR2BGRA、 CV_BGRA2BGR	COLOR_BGR2BGRA,COLOR_RGB2BGRA COLOR_BGRA2RGBA,COLOR_BGR2BGRA COLOR_BGRA2BGR
RGB<-->GRAY	CV_RGB2GRAY、CV_GRAY2RGB、 CV_RGBA2GRAY、CV_GRAY2RGBA	COLOR_RGB2GRAY,COLOR_GRAY2RGB COLOR_RGBA2GRAY,COLOR_GRAY2RGBA
RGB<-->HSV	CV_BGR2HSV、CV_RGB2HSV CV_HSV2BGR、CV_HSV2RGB	COLOR_BGR2HSV、COLOR_RGB2HSV COLOR_HSV2BGR、COLOR_HSV2RGB
RGB<-->YCrCb JPEG(或 YCC)	CV_RGB2YCrCb、CV_RGB2YCrCb CV_YCrCb2BGR、CV_YCrCb2RGB (可用 YUV 代替 YCrCb)	COLOR_RGB2YCrCb,COLOR_RGB2YCrCb, COLOR_YCrCb2BGR、COLOR_YCrCb2RGB (可以用 YUV 代替 YCrCb)
RGB <-->CIE XYZ	CV_BGR2XYZ,CV_RGB2XYZ, CV_XYZ2BGR, CV_XYZ2RGB	COLOR_BGR2XYZ,COLOR_RGB2XYZ, COLOR_XYZ2BGR, COLOR_XYZ2RGB
RGB<-->HLS	CV_BGR2HLS,CV_RGB2HLS, CV_HLS2BGR, CV_HLS2RGB	COLOR_BGR2HLS,COLOR_RGB2HLS, COLOR_HLS2BGR, COLOR_HLS2RGB
RGB<-->CIE L*a*b	CV_BGR2Lab,CV_RGB2Lab, CV_Lab2BGR, CV_Lab2RGB	COLOR_BGR2Lab,COLOR_RGB2Lab, COLOR_Lab2BGR, COLOR_Lab2RGB
RGB<-->CIE L*a*b	CV_BGR2Luv,CV_RGB2Luv, CV_Luv2BGR, CV_Luv2RGB	COLOR_BGR2Luv,COLOR_RGB2Luv, COLOR_Luv2BGR, COLOR_Luv2RGB
Bay-->RGB	CV_BayerBG2BGR,CV_BayerGB2BGR, CV_BayerRG2BGR,CV_BayerGR2BGR, CV_BayerBG2RGB,CV_BayerGB2RGB, CV_BayerRG2RGB,CV_BayerGR2RGB	COLOR_BayerBG2BGR,COLOR_BayerGB2BGR, COLOR_BayerRG2BGR,COLOR_BayerGR2BGR, COLOR_BayerBG2RGB,COLOR_BayerGB2RGB, COLOR_BayerRG2RGB,COLOR_BayerGR2RGB

图 3-5 cv2.cvtColor 函数可选参数列表,注意 OpenCV2 与 OpenCV3 中参数不同

【代码 3-2】

```
#BGR 空间转为 HSV 空间
hsv = cv2.cvtColor(img,cv2.BGR2HSV)
#BGR 空间转为 RGB 空间
hsv = cv2.cvtColor(img,cv2.BGR2RGB)
#BGR 空间转为 HLS 空间
hls = cv2.cvtColor(img,cv2.BGR2HLS)
```

3.1.3　HSV 颜色空间

HSV 颜色空间的模型和 HIS 类似，依据色泽、明暗和色调来定义颜色，其中 H 代表色度，S 代表色饱和度，V 代表亮度，要注意的是这里色度、饱和度的定义均和 HIS 颜色空间不同。该空间比 RGB 模式更接近于人对彩色的感知，在计算机视觉领域应用也最为广泛。

HSV 颜色空间可以用一个圆锥空间模型来描述，圆锥的顶面对应于亮度 V＝1（最亮）。色度 H 由目标位置绕 V 轴的旋转角给定：0°对应红色，120°对应绿色，240°对应蓝色（正好为 RGB 三色）。在 HSV 空间中，每种颜色和它的补色相差 180°。饱和度 S 取值范围为 0～1，对应圆锥顶面的半径为 1。要注意的是饱和度为 1 的颜色，其纯度一般小于 1。在圆锥的顶点处，V＝0，H 和 S 无定义，表示最暗的黑色；在圆锥的顶面中心处，S＝0，V＝1，H 无定义，代表最亮的白色。从该点到原点，代表亮度渐暗的灰色，对于这些点，S＝0，H 均无定义。在圆锥顶面的圆周上的颜色，V＝1，S＝1，即纯色。图 3-6 展示了 HSV 空间的圆锥模型，其中，圆锥的斜边表示亮度 V，每个圆平面的半径方向表示饱和度 S。图 3-7 展示了 AI 火箭营图标在 HSV 空间中的矩阵形式。

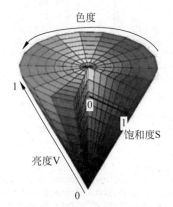

图 3-6　HSV 空间的圆锥模型，圆锥的斜边表示 V（亮度），
每个圆平面的半径方向表示 S（饱和度）

HSV 空间和 RGB 空间描述的都是同一向量，不同的只是向量空间。那么它们之间是如何互相转换的呢？已知图像的 RGB 表示方式：R、G、B 三个矩阵。方便起见，假设图像

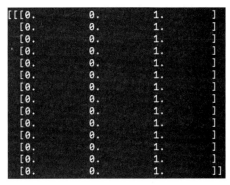

图 3-7　AI 火箭营标志的 HSV 空间表达，所示矩阵为图片最左边一列像素值（行表示 H、S、V 值，列表示像素位置），可以看出最左边一列均为白色(0,0,1)

只有一个像素，那么 R、G、B 为三个不同颜色对应的三个数字。首先将其归一化：$R=R/255$，$G=G/255$，$B=B/255$。接着求出三者最大值和最小值，$\text{maxium}=\max(R,G,B)$，$\text{minium}=\min(R,G,B)$。最后根据转换式(3-1)，得到 HSV 空间的表示。

$$S = \frac{\text{maxium} - \text{minium}}{\text{maxium}}$$

$$H = \begin{cases} 60 \times \dfrac{G-B}{\text{maxium} - \text{minium}}, & \text{如果 } R = \text{maxium} \\ 120 + 60 \times \dfrac{B-R}{\text{maxium} - \text{minium}}, & \text{如果 } G = \text{maxium} \\ 240 + 60 \times \dfrac{R-G}{\text{maxium} - \text{minium}}, & \text{如果 } B = \text{maxium} \end{cases} \quad (3\text{-}1)$$

$$V = \text{maxium}$$

例如，RGB 空间白色像素(255,255,255)，先归一化，变为(1,1,1)，之后求最大值和最小值：1 和 1，所以 $S=0$，$V=1$，H 无定义。

【代码 3-3】

```
import cv2
# 读取图片，默认为 BGR 空间
img = cv2.imread("图片所在路径", cv2.IMREAD_COLOR)
# 转为 HSV 空间
hsv = cv2.cvtColor(img, cv2.BGR2HSV)
# 输出矩阵
print(hsv)
```

小练习：
(1) 根据式(3-1)，推导出黑色(RGB空间(0,0,0))的HSV空间表达。
(2) 根据式(3-1)，推导出由HSV空间转化为RGB空间的公式。

3.1.4 颜色直方图

颜色直方图是在图像检索中被广泛采用的颜色特征。它所描述的是不同色彩在整幅图像中所占的比例，而与每种颜色所处位置无关，即无法描述图像中的具体物体。因此，颜色直方图对物体识别没有帮助，但特别适合处理难以进行自动分割的图像。

颜色直方图可以基于不同的颜色空间，包括 RGB 颜色空间、HSV 空间、Luv 空间和 Lab 空间的颜色直方图。

由于颜色空间太大，计算颜色直方图需要将颜色空间划分成若干个小区间，每个小区间成为直方图的一个 bin，这个过程称为颜色量化。然后，通过计算落在每个 bin 内的像素数量可以得到颜色直方图。颜色量化多种多样，有向量量化、聚类方法和神经网络方法。最常用的是向量量化，即将颜色空间的各个维度均匀地进行划分。而聚类算法会考虑到图像颜色在整个空间中的分布情况，从而避免出现某些 bin 中的像素数量非常少的情况。

上述的颜色量化方法会产生问题：设想两幅图像的颜色直方图几乎相同，只是错开了一个 bin，这时如果我们采用 L1 距离或者欧几里得距离计算两者的相似度，会得到很小的相似度值，但其实两幅图非常相似。为了解决这个问题，需要用一个更好的方法来描述颜色直方图之间的相似度。一种方法是采用二次式距离，另一种方法是对颜色直方图事先进行平滑过滤，即每个 bin 中的像素对于相邻的几个 bin 也有贡献。

选择合适的 bin 数目和颜色量化方法与具体算法的性能和效率要求有关。一般来说，bin 数目越多，直方图对颜色的分辨能力就越强，相对地，算法速度就会变慢。对于某些场景来说，使用非常精细的颜色空间划分方法不一定能够提高检索效果。一种有效减少直方图 bin 的数目的办法是只选用那些数值最大的 bin 来构造图像特征，因为这些表示主要颜色的 bin 能够表达图像中大部分像素的颜色，这和神经网络中的最大池化层有异曲同工之妙。实践证明这种方法并不会降低颜色直方图的检索效果。事实上，由于忽略了那些数值较小的 bin，颜色直方图对噪声的敏感程度降低了，有时会使检索效果更好。

颜色直方图特征匹配方法：距离法、中心距法、直方图相交法、参考颜色表法、累加颜色直方图法等。图 3-8 展示了 AI 火箭营标志的颜色直方图。

在 OpenCV 中，我们使用函数 cv2.calcHist()计算颜色直方图，此函数可选参数为输入图像 img、使用的通道 channels、使用的掩模 mask、大小 HistSize 和直方图柱的范围 ranges。

【代码 3-4】

```
#颜色直方图
import cv2
#读取图片,默认为 BGR 空间
img = cv2.imread("图片所在路径", cv2.IMREAD_COLOR)
#分为三个通道
color = ('b', 'g', 'r')
for i, col in enumerate(color):
    histr = cv2.calcHist([img], [i], None, [256], [0, 256])
    #作图
    plt.plot(histr, color = col)
#显示图片
plt.show()
```

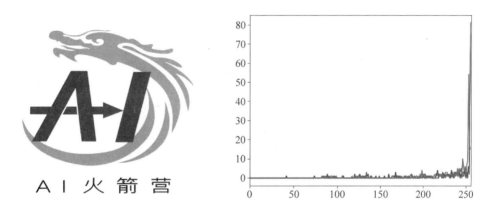

图 3-8 AI 火箭营标志的颜色直方图,可以明显看出,大部分值处于 255 处
(因为图像大部分为白色),绿色成分最多,蓝色成分最少

3.1.5 OpenCV 图像色调,对比度变化

毫无疑问,图像的色调、颜色、对比度、明暗度均可调整,由于物体的类别与颜色关系不大,所以调整图片的色调和颜色也能够作为数据增强的手段之一。在 OpenCV 中,对色调处理一般在 HSV 空间中进行,包括对色调 H、饱和度 S 和明暗度 V 的调整。同样,也可以使用 random() 函数进行随机处理,从而达到增加数据量的目的。图 3-9 展示了 AI 火箭营图标经过色调、对比度和明暗度随机调整后的效果图。

【代码 3-5】

```
#图像色调、对比度和明暗度调整
import numpy as np
```

```python
import cv2
#读取图片
img = cv2.imread("图片名称,包含完整路径")
#转为HSV格式
hsv = cv2.cvtColor(img, cv2.COLOR_BGR2HSV)
#改变色调
hsv[:,:,0] = (hsv[:,:,0] + 10) % 180
#改变饱和度
hsv[:,:,1] = (hsv[:,:,1] + 10) % 255
#改变明暗度
hsv[:,:,2] = (hsv[:,:,2] + 10) % 255
#转为BGR格式
img1 = cv2.cvtColor(hsv, cv2.COLOR_HSV2BGR)
#显示图片
cv2.imshow("图片色调调整", img1)
cv2.waitKey(0)
```

图 3-9　AI 火箭营图标经过色调、对比度和明暗度调整

3.2　几何特征

相信读者小时候都有被几何学支配的恐惧,那么图像的几何特征除了我们小时候学的形状、位置、角度、距离等基本特征之外,还有边缘、角点和斑点等。下面就让我们详细了解一下图像的不寻常的几何特征。

3.2.1 边缘特征

这里的边缘不是指图片的四条边,而是指图像中物体的边缘,由于物体的颜色和周围的颜色不同,所以边缘的特性是像素值快速变化,或者说像素值函数一阶导数的局部极值点。

如何提取边缘特征呢?如果直接对像素值函数求导,会有一个问题,就是存在大量的局部极值点,这是由于图像上一般有噪声,那么在噪声点附近,像素值函数必然变化明显。所以需要先用高斯函数进行滤波(高斯去噪)。高斯滤波是线性平滑滤波,其对整幅图像像素值进行加权平均,使得新的图像每一个像素的值,都由原图像同一点的像素值和其邻域内的其他点的像素值经过加权平均后得到。具体操作:用一个用户指定的卷积核去扫描图像中的每一个像素,然后用卷积核范围内像素的加权平均值去替代卷积核中心像素的值。需要注意的是,高斯滤波只能去除高斯噪声(分布为正态分布的噪声)。一般我们用到二维的高斯分布,如图 3-10 所示。

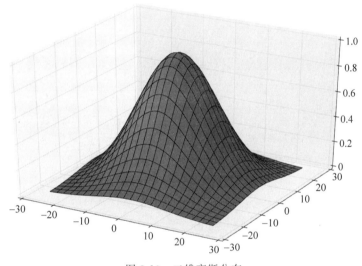

图 3-10 二维高斯分布

$$G(x,y) = \frac{1}{2\pi\sigma^2} e^{-\frac{x^2+y^2}{2\sigma^2}} \quad (3-2)$$

由于高斯分布的定义域是无穷大的,理论上需要一个无穷大的高斯核,但是一般我们只需要用到三个标准差以内的函数值即可。当我们决定了标准差之后,就可以计算高斯核了,注意高斯核内所有权重的总和应为1(为了保证总像素不变),所以计算完高斯核的各个权重后还要除以高斯核内所有权重的总和。图 3-11 展示了一个标准差为 1.5 的 3×3 的高斯核。

高斯核其实是卷积核的一个特殊情况,也是用得较多的一种,卷积核的主要作用是改变一定区域的像素明亮度。那么在 OpenCV 中,卷积核,特别是高斯核,如何使用呢?首先我们需要一个矩阵来表示卷积核,常用的卷积核为 3×3 的卷积核。然后使用 ndimage.convolve(img,kernel) 函数来进行卷积核的使用,其中 img 参数为需要使用卷积核的图片,kernel 参数为卷积核矩阵。ndimage 函数库功能非常强大,包括但不限于傅里叶变换、图像旋转、图像拉伸,以及图像滤波。

0.0947416	0.118318	0.0947416
0.118318	0.147761	0.118318
0.0947416	0.118318	0.0947416

图 3-11　3×3 的高斯核,标准差为 1.5

【代码 3-6】

```
import numpy as np
import cv2
import ndimage
#生成卷积核
kernel = np.array([[1,1],[1,1]])
#读取图片
img = cv2.imread("图片名称,包含完整路径",0)
#进行卷积操作
img1 = ndimage.convolve(img,kernel)
#显示图片
cv2.imshow("图片名称",img1)
cv2.waitKey()
```

高斯核的使用相比普通的卷积核更加方便,只需使用 cv2.GaussianBlur() 函数即可,此函数有三个参数,分别为输入的图像、高斯核大小和高斯函数标准差。高斯核大小一般使用(3,3)或(5,5),高斯函数标准差设置为 0,则会根据高斯核大小进行自动计算。图 3-12 和图 3-13 分别展示了图片应用全 1 卷积核和应用高斯核的结果。

【代码 3-7】

```
img = cv2.imread("图片名称,包含完整路径")
#应用高斯核
img1 = cv2.GaussianBlur(img,(3,3), 0)
#显示图片
cv2.imshow("图片名称",img1)
cv2.waitKey()
```

图 3-12　AI 火箭营图标应用全 1 卷积核后效果，左面为原图，右面为应用卷积后的图像，可以看出全 1 卷积核使得图像对比度减弱

图 3-13　AI 火箭营图标应用高斯核后效果，左面为原图，右面为应用高斯核后的图像，应用高斯核后图像在边缘处更加平滑

通过高斯去噪后，再利用梯度获取像素值函数极值，即可得到边缘特征。对于二维图像上的点，梯度有两个方向：x 方向和 y 方向。需要注意的是，对于图像 x 轴边界上的点，只存在 y 方向梯度，x 方向梯度为 0；同理，对于图像 y 轴边界上的点，只存在 x 方向梯度，y 方向梯度为 0。对于高斯函数的梯度，x 方向突出纵向边缘，y 方向突出横向边缘。图 3-14 展示了不同方向的高斯梯度的差别。

高斯核的标准差决定了边缘提取的尺度，对于清晰的边界，标准差可以取得较大些，反之，对于模糊的边界，标准差需要取得较小些。这是由于标准差越小，提取到的尺度越小，提取的边缘也越清晰，如图 3-15 所示。

3.2.2　角点

与边缘特征的定义相似，角点不是指图像的四个角，而是指一个局部的小区域与周围的区域不同。常用的角点检测方法有：Harris 角点检测和 Fast 角点检测。

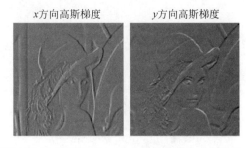

图 3-14　不同方向的高斯梯度,以原图最左边柱子为例,x 方向高斯梯度突出纵向边缘,所以纵向的柱子边缘被保留了,而在 y 方向高斯梯度则没有保留柱子边缘

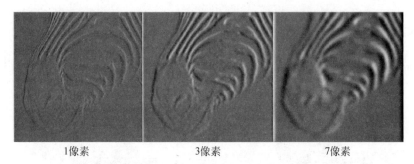

图 3-15　不同标准差的高斯核提取到的边缘特征,图中"1 像素"表示标准差为 1 像素

Harris 角点的定义:向任意方向移动小观察窗,像素值函数都会显著变化。举个例子,夜空中的每颗星星,在图像里都是一个角点。因为除了星星所在的小区域,周围都是黑色,所以无论向何种方向移动,像素值都会显著变化。具体的算法是对于图像上的 (x,y) 坐标点,平移 $(\Delta x, \Delta y)$ 后,计算其相似性:

$$c(x,y) = w(x,y)(I(x,y) - I(x+\Delta x, y+\Delta y))^2 \tag{3-3}$$

其中,$w(x,y)$ 为加权函数,将 $I(x+\Delta x, y+\Delta y)$ 在 (x,y) 处做泰勒展开:

$$I(x+\Delta x, y+\Delta y) = I(x,y) + \frac{\partial I}{\partial x}\Delta x + \frac{\partial I}{\partial y}\Delta y \tag{3-4}$$

将式(3-4)代入式(3-3)得

$$c(x,y) = w(x,y)\left(\frac{\partial I}{\partial x}\Delta x + \frac{\partial I}{\partial y}\Delta y\right)^2 = \begin{bmatrix}\Delta x & \Delta y\end{bmatrix} M \begin{bmatrix}\Delta x \\ \Delta y\end{bmatrix} \tag{3-5}$$

可以看出,简化后自相关函数变为二元二次函数,或者说是椭圆函数。椭圆形状由矩阵 M 的特征值决定。对于角点,两个特征值都很大,且几乎相等。对于平面,两个特征值都很小,且几乎相等。这是由于在特征值大的方向上,图像的像素值变化也大。实际上进行计算的时候,并不需要将特征值计算出来,而是利用更巧妙的办法:利用矩阵的行列式和迹。这是因为矩阵的行列式和迹由其特征值决定。计算完自相关函数,得到矩阵 M 后,再计算各像素的 Harris 响应值 R,并进行阈值化:

$$R = \det(\boldsymbol{M}) - \alpha \cdot \text{trace}(\boldsymbol{M})^2 \qquad (3\text{-}6)$$

其中,α 取值范围为 0.04~0.06。

最后,再进行非极大值抑制,就可以得到图像中的角点了。

那么在 OpenCV 中,如何使用角点检测呢? 首先介绍 OpenCV 的绘制关键点函数 cv2.drawKeyPoints(),它可以在原图中将检测出的特征部位绘制一个小圆圈。参数为 image(原始图像)、keypoints(特征点向量)、outimage(输出图像)、color(绘图颜色)、flags (绘制模式)。注意:此后介绍的各种特征检测算法都需要用它来绘制带有特征点的图像。

【代码 3-8】

```
# 绘制关键点
import cv2
import numpy as np
# 读取图片
img = cv2.imread("图片名称,包含完整路径")
# 关键点存储在 points 中
points
# 绘制特征图
img = cv2.drawKeypoints(img,points,img,color = (255,0,0))
# 显示结果
cv2.imshow("绘制关键点",img)
cv2.waitKey(0)
```

Harris 角点检测使用 cv2.cornerHarris() 函数,参数为 img(需要检测的图像)、blocksize(检测窗口的大小)、ksize(求导窗口的大小)、k(角点检测方程中的自由参数 α)。图 3-16 展示了 AI 火箭营图标应用 Harris 角点检测结果。

【代码 3-9】

```
# Harris 角点检测
import cv2
import numpy as np
# 读取图片
img = cv2.imread("图片名称,包含完整路径")
# 转化为灰度图
gray = cv2.cvtColor(img,cv2.COLOR_BGR2GRAY)
# 转化为 32 位浮点
gray = np.float32(gray)
# 进行角点检测
R = cv2.cornerHarris(gray,2,3,0.04)
# 对于响应值大于一定阈值的点进行标红
img[R > 0.05 * R.max()] = [0,0,255]
# 显示结果
cv2.imshow("Harris 角点检测",img)
cv2.waitKey()
```

图 3-16　AI 火箭营图标 Harris 角点检测结果，图中标记点即为检测出的角点

参数 α 对角点检测的影响较大，随着 α 增大，响应值 R 减小，检测到的角点数量减小；反之，随着 α 减小，角点检测敏感度增加，检测到的角点数量增加。然而，亮度和对比度的变化对 Harris 角点检测算法的影响很小，这是由于梯度极值点没有发生变化。Harris 角点检测具有旋转不变性但不具有尺度不变性。

Fast 角点的定义是如果像素与其邻域内足够多的像素不同，那么该像素可能为角点。显然，Fast 角点要求比 Harris 角点要低。顾名思义，Fast 角点检测的优点就是速度快。具体步骤：确定一个阈值 t，对像素 p 周围距离其三个像素的 16 个像素进行判断，如果其中有 n（一般取 12）个连续的像素都大于点 p 的像素值 $+t$ 或都小于点 p 的像素值 $-t$，那么 p 就是一个角点。由于没有方向信息，所以同样具有旋转不变性但不具有尺度不变性。图 3-17 展示了 Fast 角点检测取的 16 个像素位置。

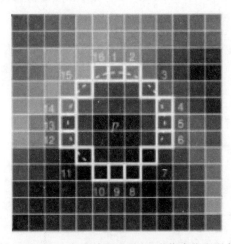

图 3-17　Fast 角点检测取的 16 个像素位置示例

在 OpenCV 中，Fast 角点检测使用 cv2.FastFeatureDetector_create()函数，此函数的可选参数为 threshold（角点检测阈值）、nonmaxSuppression（是否使用非极大值抑制）、type

（检测类型），有 cv2.FAST_FEATURE_DETECTOR_TYPE_5_8、cv2.FAST_FEATURE_DETECTOR_TYPE_7_12 和 cv2.FAST_FEATURE_DETECTOR_TYPE_9_16，图 3-18 展示了 AI 火箭营图标 Fast 角点检测结果。

【代码 3-10】

```
#Fast角点检测
import numpy as np
import cv2
#读取图片
img = cv2.imread("图片名称,包含完整路径")
#设置窗口
cv2.namedWindow('win',cv2.WINDOW_AUTOSIZE)
#fast角点检测器
fast = cv2.FastFeatureDetector_create()
#检测到的角点保存为 points
points = fast.detect(img)
#绘制特征图
img = cv2.drawKeypoints(img,points,img,color = (255,0,0))
#显示结果
cv2.imshow("fast角点检测",img)
cv2.waitKey(0)
```

图 3-18　AI 火箭营图标 FAST 角点检测结果，图中蓝色圆点即为检测出的角点

3.2.3　斑点

最后需要介绍的几何特征是斑点，斑点的定义和我们平时常用的定义很接近，即存在边界包围的部分。斑点同样对噪声很敏感，需要先进行高斯滤波。同样需要寻找一阶导数的极值点（或者说二阶导数的零点），这里用到拉普拉斯梯度：

$$\Delta f = \nabla^2 f \qquad (3\text{-}7)$$

高斯函数的二阶导数：

$$\Delta G = \frac{-2\sigma^2 + x^2 + y^2}{2\pi\sigma^6} e^{-(x^2+y^2)/2\sigma^2} \qquad (3\text{-}8)$$

同样，高斯函数的标准差对斑点检测有影响，较小的标准差可以识别出更加详尽的边缘细节。

对于斑点检测，OpenCV 也有现成的函数：cv2.SimpleBlobDetector_create()，此函数的可选参数为 minThreshold（检测最小阈值）、maxThreshold（检测最大阈值）、filterByColor（是否通过颜色滤波）、filterByArea（是否通过面积滤波）、filterByCircularity（是否通过圆度滤波）、filterByConvexity（是否通过凸度滤波）、filterByInertia（是否通过惯性滤波）等。图 3-19 展示了 AI 火箭营图标斑点检测结果。

【代码 3-11】

```
# OpenCV 斑点检测
import cv2
import numpy as np
# 读取图片
img = cv2.imread("图片名称,包含完整路径")
# 创建检测器
detector = cv2.SimpleBlobDetector_create()
# 斑点检测,将检测到的斑点放入 bolbs 中
blobs = detector.detect(img)
# 绘制特征图
img = cv2.drawKeypoints(img, blobs, img, (0, 0, 255), cv2.DRAW_MATCHES_FLAGS_DRAW_RICH_KEYPOINTS)
# 显示图片
cv2.imshow("斑点检测", img)
cv2.waitKey(0)
```

图 3-19　AI 火箭营图标斑点检测结果，图中圆即为检测出的斑点

3.3 局部特征

局部特征也叫特征描述子，其需要满足：对于大小、方向、明暗不同的图像，同一物体的特征描述子应该相似或相同。其特点就是可重复性和显著性。局部特征点常用于图片拼接、目标跟踪和 3D 重建。所有局部特征算法都需要注意的问题是旋转不变、仿射不变、光照不变和抵抗噪声。

3.3.1 SIFT 算法

尺度不变特征变换算法(SIFT)由 Lowe 在 2004 年提出，同样利用高斯卷积来建立尺度空间，并在高斯差分空间金字塔上获得拥有尺度不变性的特征描述子。该算法具有仿射不变性、视角不变性、旋转不变性和光照不变性，所以在图像特征提取领域得到了最广泛的应用。优点是信息量丰富和多量性，缺点是速度还不够快。

首先，它构建了一个线性金字塔结构，让我们可以在连续的高斯核尺度上查找特征点。它比直接用拉普拉斯核的优势在于，它用一阶高斯差分(Dog 算子)来近似拉普拉斯算子(Log 算子)，也就是用差分代替微分，大大减少了运算量。

其次，它进行极值点的插值。注意在离散的空间中，局部极值点可能不是连续空间的极值点，真正的极值点可能恰恰落在了离散点的缝隙中。所以要对这些位置进行插值，然后才能求出真实极值点的坐标位置。

再次，需要删除边缘效应的点，这是因为高斯差分的值会受到边缘的影响，所以边缘上的点，即使不是斑点，它的 Dog 响应也很强。算法利用图像边缘处在沿边缘方向和垂直边缘方向表现出极大与极小的曲率这一特性，通过计算特征描述子处主曲率的比值即可以区分其是否在边缘上。

最后，作出特征描述子的特征描述。特征描述子的方向需要对特征点邻域内所有点的梯度方向进行统计，选取比重最大的方向为特征点的主方向，有时还会选择一个辅方向。在计算特征描述时，需要对局部图像进行沿求出的主方向旋转，再进行邻域内的梯度直方图统计。

在 OpenCV 中如何使用 SIFT 算法呢？只需函数 cv2.xfeatures2d.SIFT_create() 即可，需要注意的是此函数只在特定的 OpenCV 版本中才能生效。图 3-20 展示了 AI 火箭营图标进行 SIFT 特征描述子检测的结果。

【代码 3-12】

```
# SIFT 算法
import numpy as np
```

```
import cv2
#创建 sift 检测器
sift = cv2.xfeatures2d.SIFT_create()
#读取图片
img = cv2.imread("图片名称,包含完整路径")
#进行检测、des 是描述子
points, des = sift.detectAndCompute(img,None)
#绘制特征图
img = cv2.drawKeypoints(img, points,img,color = (255,0,255))
#显示图片
cv2.imshow("sift 检测",img)
cv2.waitKey(0)
```

图 3-20　AI 火箭营图标 SIFT 特征描述子检测结果

3.3.2　SURF 算法

2006 年，Bay 和 Ess 等改进了 SIFT 算法，提出了加速鲁棒特征（SURF），该算法主要优化计算速度，其使用了 Hessian 行列式的特征检测方法，通过在不同尺度的特征图上有效地计算出近似 Harr 小波值，简化了二阶微分的计算，从而提高了特征检测算法的效率。图 3-21 展示了不同匹配算法的差别。

SURF 算法使用了滤波器对二阶梯度进行了简化，构建了 Hessian 矩阵，缩短了特征提取的时间。其在不同的特征尺度上对每个像素进行检测，近似构建的 Hessian 矩阵为

$$\boldsymbol{H} = \begin{bmatrix} D_{xx}(\sigma) & D_{xy}(\sigma) \\ D_{yx}(\sigma) & D_{yy}(\sigma) \end{bmatrix} \tag{3-9}$$

其中 D_{xx}、D_{xy} 和 D_{yy} 为图像通过滤波器后获得的近似卷积值。如果卷积值大于设置的阈值，则认为该像素为关键字。接下来的步骤与 SIFT 算法类似，在以此点为中心的 3×3 像素邻域内进行非极大值抑制，最后通过插值运算，完成了 SURF 特征点的精确定位。

与 SIFT 算法使用统计直方图不同,SURF 特征点的描述则是利用了积分图,用两个方向上的 Harr 小波来计算梯度,然后用一个扇形对邻域内点的梯度方向进行统计,继而求得特征点的主方向。

(a) SIFT匹配

(b) SURF匹配

图 3-21 基于不同特征提取算法的特征点匹配示例,图中一条线的两个端点为匹配的特征点

在 OpenCV 中使用 SURF 算法也十分方便,所需函数是 cv2.xfeatures2d.SURF_create(),图 3-22 展示了 AI 火箭营图标进行 SURF 特征描述子检测的结果。

图 3-22 AI 火箭营图标 SURF 特征描述子检测结果

【代码 3-13】

```
# SURF 算法
import numpy as np
import cv2
# 创建 SURF 检测器
surf = cv2.xfeatures2d.SURF_create()
# 读取图片
img = cv2.imread("图片名称,包含完整路径")
# 进行检测、des 是描述子
points, des = surf.detectAndCompute(img,None)
```

```
#绘制特征图
img = cv2.drawKeypoints(img, points,img,color = (255,0,255))
#显示图片
cv2.imshow("surf 检测",img)
cv2.waitKey(0)
```

3.4 代码实战：图像匹配

下面来到我们第一次代码实战环节，每次代码实战均根据所学知识，设计一个小项目，让大家将学到的内容融会贯通。

本项目需要实现图片匹配算法，即将两张内容相同、但大小、方向、色调均不同的图匹配起来。实现过程非常简单，首先我们将原图进行随机裁剪、旋转，以及色调变化，之后对两张图片(原图和修改后的图片)进行特征点(描述子)检测，最后将相似的特征点通过搜索算法连接起来就完成了匹配算法。

我们使用的匹配算法是基于 FLANN 的 SURF 特征描述子匹配算法，FLANN 指快速最近邻搜索包，是对高维特征和大规模数据进行高效最近邻搜索算法的集合。使用函数为 cv2.FlannBasedMatcher()，此函数的可选参数为算法种类、搜索参数等。另外，此函数的搜索速度比暴力搜索速度快 10 倍以上。同时，SURF 算法较 SIFT 算法在运算速度快 3 倍以上，综合性能优于 SIFT 算法。图 3-23 展示了匹配算法作用于 AI 火箭营图标上的结果。

【代码 3-14】

```
#基于快速最近邻搜索包的 SURF 特征描述子匹配算法实现
import numpy as np
import cv2
#读取图片
img = cv2.imread("图片名称,包含完整路径")
#仿射变换矩阵
M = np.array([[0,0.5, -10],[0.5,0,0]])
#旋转缩放图片
img1 = cv2.warpAffine(img,M, (750,750))

#改变图片色调、对比度
#转为 hsv 格式
hsv = cv2.cvtColor(img1, cv2.COLOR_BGR2HSV)
#改变色调
hsv[:,:,0] = (hsv[:,:,0] + 10) % 180
#改变饱和度
hsv[:,:,1] = (hsv[:,:,0] + 10) % 255
#改变明暗度
hsv[:,:,2] = (hsv[:,:,0] + 10) % 255
```

```python
# 转为 BGR 格式
img1 = cv2.cvtColor(hsv, cv2.COLOR_HSV2BGR)

# 创建 SURF 检测器
surf = cv2.xfeatures2d.SURF_create()
# 创建搜索器
index_params = dict(algorithm = 0, trees = 5)
search_params = dict(checks = 50)
flann = cv2.FlannBasedMatcher(index_params, search_params)
# 特征描述子检测
kp, des = surf.detectAndCompute(img, None)
kp1, des1 = surf.detectAndCompute(img1, None)
# 特征匹配
matches = flann.knnMatch(des1, des, k = 2)

# 绘制相似特征
good = []
for m, n in matches:
    if m.distance < 0.7 * n.distance:
        good.append([m])
img2 = cv2.drawMatchesKnn(img1, kp1, img, kp, good, None, flags = 2)
# 显示图片
cv2.imshow("图片色调调整", img1)
cv2.waitKey(0)
```

图 3-23 基于快速最近邻搜索包的 SURF 特征描述子匹配算法作用于 AI 火箭营图标上的结果，算法将两张图片上的相似特征通过直线连接在一起

第 4 章 传统图像处理之图像美化

第 3 章介绍了如何提取传统图像处理中的各种特征,包括颜色特征、几何特征、局部特征等,也进行了各种特征算法学习,包括 SIFT 算法、SURF 算法等。这一章我们就来动手美化图片。自从有了"照骗"以后,修图一直是一个很有意思的技术活儿,对于高手来说,甚至能把死的修成活的。其实不需要修图软件,在 OpenCV 中我们就能很轻松地美化图片。

4.1 添加图形与文字

首先给图片增加线条或一些多边形,当然也可以增加一些特殊的图案。一般来说,增加形状的函数都有如下几个参数:原图(img)、增加的图形中心位置(center)、图形的大小(size)、颜色(color)、线条粗细(thickness)。常用的函数有:cv2.circle()(画一个圆)、cv2.fillPoly()(画一个任意多边形)、cv2.line()(画一条直线)等。图 4-1 展示了 AI 火箭营图标在中心加入圆形的示意图。

【代码 4-1】

```python
# 在图片中心加一个圆
import numpy as np
import cv2
# 读取图片
img = cv2.imread("图片名称,包含完整路径")
# 取得图片的长、宽、深度
w,h,d = img.shape
# 加圆
cv2.circle(img, (w/2,h/2), w/4, (0,0,255), 0)
# 显示图片
cv2.imshow("图片名称",img)
cv2.waitKey()
```

图 4-1 AI火箭营图标在中心加入圆形

当然更复杂的图形也可以,例如想在和女朋友的合影上加一个爱心,OpenCV 中虽然没有爱心函数,但是我们可以用两段椭圆弧加上两条直线段来完成。画椭圆弧的函数为 cv2.ellipse(),此函数可选参数除了通用的参数之外,还包括为长轴、短轴、旋转角、起始角度、终止角度等。图 4-2 展示了 AI 火箭营图标在中心加入爱心的示意图。

图 4-2 AI火箭营图标在中心加入爱心

【代码 4-2】

```
#在图片中心加一个爱心
import numpy as np
import cv2
#读取图片
img = cv2.imread("图片名称,包含完整路径")
#绘制椭圆弧
```

```
cv2.ellipse(img, (300, 350), (100, 200), 180, 30, 150, (0, 0, 255), 1)
cv2.ellipse(img, (475, 350), (100, 200), 180, 30, 150, (0, 0, 255), 1)
#绘制直线
cv2.line(img, (212, 250), (387,450), (0, 0, 255), 1)
cv2.line(img, (562, 250), (387,450), (0, 0, 255), 1)
#显示图片
cv2.imshow("2",img)
cv2.waitKey(0)
```

有了图形后,怎样添加文字呢?OpenCV中绘制文字的函数为cv2.putText(),此函数的可选参数为输入图片(img)、输入文字(text)、文字左上角坐标(origin)、字体(font)、字体大小(scale)、颜色(color)、线条粗细(thickness)。下面让我们来绘制一些简单的文字吧!图4-3展示了AI火箭营图标在中心加入文字的示意图。

图 4-3　AI火箭营图标在中心加入文字:I love Machine learning

【代码4-3】

```
#在图片中心加入文字
import numpy as np
import cv2
#读取图片
img = cv2.imread("图片名称,包含完整路径")
#取得图片的长、宽、深度
w,h,d = img.shape
#加入文字 I love machine learning
cv2.putText(img, 'I love Machine learning', (0,h/2), cv2.FONT_HERSHEY_PLAIN, 4,(0,0,255), 0)
#显示图片
cv2.imshow("图片名称",img)
cv2.waitKey()
```

4.2 图像美白

接下来到了正式修图时间了,修图的原理非常简单,例如,最常用的磨皮美白,其实就是做双边滤波加上改变颜色;打光其实就是增加亮度等。当然也有复杂的修图技术,例如利用我们之前学到的颜色直方图做直方图均衡化。

首先让我们学习增加亮度,在前面的几章也已经提到过,方法非常简单,只要将图片转为 HSV 格式,之后提升亮度 V 即可。当然在 RGB 模式下也可以做到相应的效果,只要将图片向白色方向(255)转换即可,这也是我们经常发现拍摄的人物打光之后,人也会变得更白的原因。因此,打光和美白可以说是相辅相成的。图 4-4 展示了图像打光的效果。

图 4-4 经过打光处理后,"黑人"变成了"白人"

【代码 4-4】

```
# 对图片进行亮度增强
import numpy as np
import cv2
# 读取图片
img = cv2.imread("图片名称,包含完整路径")
# 取得图片的长、宽、深度
w, h, d = img.shape
# 增强亮度,注意单个颜色不能超过 255
for i in range(w):
    for j in range(h):
        (b, g, r) = img[i, j]
        b = min(255, b + 40)
        g = min(255, g + 40)
        r = min(255, r + 40)
        img[i, j] = (b, g, r)
# 显示图片
cv2.imshow("图片名称", img)
cv2.waitKey()
```

美白和打光差不多,区别在于美白更注重白色,所以对红色部分(R)不进行处理,而是按比例提高绿色和蓝色部分(G、B)。需要注意的是,我们通常只需要对人进行美白,所以需要对图片中人的位置进行确认,否则就会出现背景也一起变白的情况。图 4-5 展示了美白的效果。

图 4-5　经过美白处理后,不仅人物变白了,背景也变白了,修图略"失败"

【代码 4-5】

```
# 对图片进行美白
import numpy as np
import cv2
# 读取图片
img = cv2.imread("图片名称,包含完整路径")
# 取得图片的长、宽、深度
w,h,d = img.shape
# 进行美白,注意单个颜色不能超过 255,红色部分不处理
for i in range(w):
    for j in range(h):
        (b,g,r) = img[i,j]
        b = min(255,b*1.4)
        g = min(255,g*1.3)
        img[i,j] = (b,g,r)
# 显示图片
cv2.imshow("图片名称",img)
cv2.waitKey()
```

如果对图片进行美白和打光处理后的效果不满意,那么可以尝试更高难度的磨皮。和前面的高斯滤波很像,我们这次使用双边滤波器,OpenCV 中使用 cv2.bilateralFilter() 函数,双边滤波与高斯滤波相比能更好地保存图像的边缘信息,这是因为其不但使用一个与空间距离相关的高斯函数,还使用一个与灰度距离相关的高斯函数。图 4-6 展示了"磨皮"的效果。

【代码 4-6】

```
# 对图片进行双边滤波
import numpy as np
import cv2
# 读取图片
```

```
img = cv2.imread("图片名称,包含完整路径")
#进行双边滤波
img = cv2.bilateralFilter(img,10,30,30)
#显示图片
cv2.imshow("图片名称",img)
cv2.waitKey()
```

图 4-6　经过磨皮处理后,黑人脸上的皱纹明显少了,感觉至少年轻了 10 岁

那么把三种方法合起来用,我们的初级修图就大功告成了,如图 4-7 所示。当然,还可以在图上加个爱心或者表白文字。

图 4-7　经过美白、打光、磨皮处理后,"白人"正式亮相了

最后介绍一个高难度操作,很多修图高手都不一定会,那就是直方图均衡化。颜色直方图已经在前面介绍过了。那么如何理解均衡化,顾名思义就是让 R、G、B 三色变得均衡,而不是一家独大。均衡化的直观好处就是对比度增加了,原来一张图大部分是红色,而均衡化之后,三种颜色占比差不多,图像的颜色更加丰富,各颜色之间也产生了对比,所需函数已经在前面介绍过了,参见代码 4-7。

【代码 4-7】

```
#对图片直方图均衡化
import numpy as np
```

```
import cv2
#读取图片
img = cv2.imread("图片名称,包含完整路径")
#进行直方图均衡化
#通道分解
(b,g,r) = cv2.split(img)
b = cv2.equalizeHist(b)
g = cv2.equalizeHist(g)
r = cv2.equalizeHist(r)
#通道合成
result = cv2.merge((b,g,r))
#显示图片
cv2.imshow("图片名称",img)
cv2.waitKey()
```

4.3 图像修复与去噪

图像修复的意思就是将图像上缺失的部分补全。图像为什么会破损？并不是说在数据传输的过程中出了问题,主要原因有两个：污染和噪声。戴眼镜的读者应该深有感触,眼镜带了一段时间后,镜片会变模糊,这是由于眼镜上有污染物,导致镜片变模糊。那么同理对于图像的获取,镜片上可能也会有灰尘或者油渍,这些都会导致图像的破损。

要修复由于污染导致的图像的破损并不容易,需要根据周围的颜色和特征,进行混合后填充至损坏的部分。如果损坏的部分面积很大,就很难修复消失部分的纹理了。

在 OpenCV 中,我们使用 cv2.inpaint()函数进行图像修复。此函数的可选参数为输入图像(img)、输入掩膜(mask,用来标记需要修复的区域,其余区域被标记为 0)、输出图片(dst)、每个像素复杂的半径(radius),以及修复方式(flags)。常用的修复方式为 Navier Stokes 和 A. Telea's。需要注意的是,这里暂且只支持 8 位的图像(0~255)。图 4-8 展示了当损坏的部分面积很小时,能进行完美的图像修复,图 4-9 展示了当损坏的部分面积很大时,只能进行部分修复。

【代码 4-8】

```
#对破损图片进行修复
import numpy as np
import cv2
#读取破损图片
damaged = cv2.imread("图片名称,包含完整路径")
#读取或设置 mask,注意 mask 必须是一通道
mask
#修复
```

```
repaired = cv2.inpaint(damaged, mask, 5, cv2.INPAINT_NS)
# 显示图片
cv2.imshow("图片名称", damaged)
cv2.imshow("图片名称", repaired)
cv2.waitKey()
```

图 4-8　AI 火箭营图标小部分破损修复示意图，破损位置在左图中用圆圈出，
可以看出右图实现了完美修复

图 4-9　AI 火箭营图标大部分破损修复示意图，破损位置在左图中用圆圈出，
可以看出右图只实现了部分修复

图像破损的第二个原因就是噪声，在许多场景中，噪声的主要来源是光线太亮或太暗。这是由于在低光条件下，成像增益增加，导致噪声被放大。这种噪声的特点是孤立性与随机性，所以我们也常常称其为椒盐噪声。顾名思义，这种噪声就像在菜上面撒的椒盐一样，分布非常随机。与之前所说的集中在一块的污染形成鲜明的对比。

最新的去噪算法为非局部均值去噪,也称为 NL-means,是由 Buades 和 Antoni 在 2005 年首次提出的,与 4.2 节我们讲过的高斯滤波(高斯去噪)不同,高斯滤波是采用对周围各个像素去均值的手法,而非局部均值去噪则是在整张图像中寻找相似的点,然后再对这些像素取平均值。那么如何判断两个像素是否相似呢?并非是其颜色相似,而是它的环境相似。举个最简单的例子,一张纯白的图片,取上面一个像素,高斯去噪直接使用此像素周围一定范围内的像素做平均,而非局部均值去噪则取几乎整张图像的像素做平均。相似度的具体公式为

$$d_{p_1,p_2} = \sqrt{\frac{1}{6s+3}\sum_{c=1}^{3}\sum_{jB(0,s)}(I_c(p_1)-I_c(p_2))^2} \quad (4-1)$$

其中,c 是通道索引,例如 RGB,$c=1、2、3$ 对应的就是 $R、G、B$;$I_c(p)$ 表示点 p 在通道 c 上的色彩强度;$B(0,s)$ 表示以像素为中心、半径为 s 的窗口。用这个公式,我们就能刻画两个像素之间的距离。显然,距离越小,两个像素越接近。

当然,一般来说距离越远的点相关性越小,所以会根据距离给定指数衰减函数,最后通过所有像素的加权平均对当前像素进行更新。

在 OpenCV 中,我们常用的是快速非局部均值去噪,也称为 FNLMD,顾名思义就是在原来算法的基础上,加快了速度,更注重效率。函数为 cv2.fastNlMeansDenoising(),如果是彩色图片,则函数为 cv2.fastNlMeansDenoisingColored(),此函数的可选参数为:输入图像(inputArray)、输出图像(outputArray)、权重衰减因子(h)、色彩权重衰减因子(hColor)、比较窗口大小(templateWindowSize)、搜索窗口大小(searchWindowSize)。需要注意的是,对于彩色图像,要先转换到 LAB 颜色空间,应用算法去噪后,再转为彩色图片。图 4-10 展示了快速非局部均值去噪算法的效果。

图 4-10　添加了椒盐噪声的 AI 火箭营图标应用快速非局部均值去噪效果图

【代码 4-9】

```
#对图片进行快速非局部均值去噪
import numpy as np
import cv2
#读取图片
img = cv2.imread("图片名称,包含完整路径")
#去噪声,灰度图
denoised = cv2.fastNlMeansDenoising(img, None, 10, 7, 21)
#去噪声,彩色图
lab = cv2.cvtColor(img, cv2.COLOR_BGR2LAB)
denoised = cv2.fastNlMeansDenoisingColored(lab, None, 10, 10, 7, 21)
denoised = cv2.cvtColor(denoised, cv2.COLOR_LAB2BGR)
#显示图片
cv2.imshow("图片名称", denoised)
cv2.waitKey()
```

4.4 图像轮廓

图像轮廓,也就是图像中某个物体的轮廓。对于抠图,相信大家都不陌生,抠图的第一步,就是找到物体的轮廓。当我们需要将物体与背景分离时,就需要找到物体的轮廓。表示轮廓的方式有很多,其中最常见的就是用一系列二维顶点来表示,每个值是一个向量,将所有向量首尾相连,就画出了轮廓的曲线。

如何查找轮廓呢?首先我们需要知道轮廓树的概念。我们先想一想,一个物体的外轮廓,还能构成什么呢?是不是也是包含这个物体的更大的物体的内轮廓。所以除了图像最外面和图像最内的轮廓,其他的轮廓其实都同时为小一级物体的外轮廓和大一级物体的内轮廓。根据轮廓之间的相互关系,将各个轮廓连接起来,就形成了轮廓树。如果一条轮廓完全包含另一条,那么前者就是后者的父节点。显然,最外面的轮廓为根结点。图 4-11 展示了一个很简单的轮廓树示例。

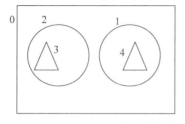 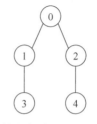

图 4-11　五个结点的简单轮廓树示意图

在 OpenCV 中,我们使用 cv2.findContours()来查找轮廓。此函数的可选参数为输入图像(inputArray);轮廓的检索模式(mode),检索模式共有四种,即只检测外轮廓(cv2.

RETR_EXTERNAL)、检测的轮廓不建立等级关系(cv2.RETR_LIST)、建立两个等级的轮廓(cv2.RETR_CCOMP)、建立一个等级树结构的轮廓(cv2.RETR_TREE)；轮廓的近似办法(method)。需要注意的是,此函数返回两个值,一个是轮廓,另一个是每条轮廓对应的属性。图4-12展示了AI火箭营图标查找轮廓的示意图。

图4-12　AI火箭营图标查找轮廓示意图

【代码4-10】

```
#对图片查找轮廓
import numpy as np
import cv2
#读取图片
img = cv2.imread("图片名称,包含完整路径")
#转为二值图
gray = cv2.cvtColor(img,cv2.COLOR_BGR2GRAY)
ret, binary = cv2.threshold(gray,127,255,cv2.THRESH_BINARY)
#查找轮廓
contours, hierarchy = cv2.findContours(binary,cv2.RETR_LIST,cv2.CHAIN_APPROX_SIMPLE)
#画出轮廓
cv2.drawContours(img,contours,-1,(0,0,0),3)
#显示图片
cv2.imshow("图片名称", img)
cv2.waitKey()
```

当然我们可以对找到的轮廓进行优化。OpenCV中有多种优化方式：多边形逼近(基于DP逼近算法)，使用多边形逼近轮廓,使得顶点变少,函数为cv2.approxPolyDP()；获得最小矩形框cv2.minAreaRect()；获得最小包围圈cv2.minEnclosingcircle()；拟合最佳轮廓线cv2.fitLine()。

4.5 图像金字塔

图像金字塔,顾名思义,就是由图像叠成的金字塔。有趣的是,组成金字塔的图像均为同一张。这是如何做到的呢? 从单个图像开始,进行连续降采样,直到达到金字塔顶端为止,最小可以到多少呢? 很简单,就是单个像素。显然,降采样是丢失信息的。

为什么需要降采样? 这是因为不同分辨率的图片可以获得不同的特征信息。举个例子,当分辨率很高时,对人脸图像进行特征提取,就会把面部的特征(眼睛、鼻子等)全部提取出来,当降采样之后,分辨率降低,这时候可能只能提取人脸的轮廓特征,当我们判断图像是否为人脸时,显然只需要人脸的轮廓特征,而当需要精确判断是哪个人时,就需要更精细的特征了。

常用的图像金字塔有两种:高斯金字塔和拉普拉斯金字塔。它们的区别是,前者用来从原始图片开始进行向下采样,而后者用来从金字塔上层的图像重建下层未采样的图像。换句话说,拉普拉斯金字塔就是高斯金字塔的逆函数。

OpenCV 中使用函数 cv2.pyrUp()和 cv2.pyrDown()对图像进行向上和向下采样。使用 cv2.buildPyramid()进行图像金字塔的搭建,如图 4-13 所示。

图 4-13 AI 火箭营图标的图像金字塔

【代码 4-11】

```
#搭建图像金字塔
import numpy as np
import cv2
#读取图片
img = cv2.imread("图片名称,包含完整路径")
#进行连续降采样
for i in range(5):
    img = cv2.pyrDown(img)
    #显示图片
    cv2.imshow("2",img)
    cv2.waitKey(0)
```

4.6 代码实战：图像融合

图像金字塔的另一个重要作用是实现两个图像的无缝连接。这一章的代码实战我们就来解决这个问题。如果简单地将两张图片拼接起来，会出现边缘处不匹配的现象，如图 4-14 所示。那么如何用图像金字塔进行拼接呢？非常简单，先对两张图分别进行降采样，或者说采用高斯金字塔法，当降采样到一定程度后，将两张图片合并，这时候由于在降采样时丢失了一部分边缘信息，因此边缘处不匹配的现象就消失了。之后对合并的图像进行上采样，或者说采用拉普拉斯金字塔法，使图片回到原来大小。此时，边缘处的不匹配现象就会明显降低甚至消失。

图 4-14　两位美女头像直接拼接示意图

图 4-15 展示了两位美女头像直接拼接与利用图像金字塔法进行图像无缝拼接对比示意图，可以明显地看出，第二张图在拼接处几乎没有明显的不匹配问题。

图 4-15　两位美女头像直接拼接与利用图像金字塔法进行图像无缝拼接对比示意图，可以明显地看出，第二张图在拼接处几乎没有明显的不匹配问题

【代码 4-12】

```
# 利用图像金字塔进行图像无缝拼接
import numpy as np
import cv2
```

```python
#读取图片
img = cv2.imread("图片名称,包含完整路径")
img1 = cv2.imread("图片名称,包含完整路径")
#resize 到 2 的幂次,方便降采样处理
img = cv2.resize(img,(192,192))
img1 = cv2.resize(img1,(192,192))
#降采样次数
step = 3
#第一张图进行高斯金字塔计算
girl1 = img.copy()
gp1 = [girl1]
for i in range(step):
    girl1 = cv2.pyrDown(girl1)
    gp1.append(girl1)
#第二张图进行高斯金字塔计算
girl2 = img1.copy()
gp2 = [girl2]
for i in range(step):
    girl2 = cv2.pyrDown(girl2)
    gp2.append(girl2)
#第一张图进行拉普拉斯金字塔计算
lp1 = [gp1[step]]
for i in range(step):
    GE = cv2.pyrUp(gp1[step - i])
    L = cv2.subtract(gp1[step - i - 1],GE)
    lp1.append(L)
#第二张图进行拉普拉斯金字塔计算
lp2 = [gp2[step]]
for i in range(step):
    GE = cv2.pyrUp(gp2[step - i])
    L = cv2.subtract(gp2[step - i - 1],GE)
    lp2.append(L)
#将金字塔中不同尺度层中的两张图像进行合并
merges = []
for i in range(step + 1):
    w,h,d = lp1[i].shape
    merge = np.hstack((lp1[i][:,0:w/2 - 10/2 ** i], lp2[i][:,w/2 - 10/2 ** i:]))
    merges.append(merge)
#将合并的图像进行拉普拉斯金字塔法拼接
merge = merges[0]
for i in range(step):
    merge = cv2.pyrUp(merge)
    merge = cv2.add(merge, merges[i + 1])
#显示最终图像
cv2.imshow("2",merge)
cv2.waitKey(0)
```

第 5 章 传统图像处理之相机模型

第 4 章介绍了如何对图像进行美化,包括简单的打光、美白、去噪和稍复杂的直方图均衡化、图像金字塔。那么这一章我们就将二维的图像与现实生活中的物体联系起来。现实生活中的物体和图像有两个明显的不同之处:①物体是三维的,图像是二维的。②物体是运动的,图像是静止的。为了解决第 1 个不同,需要从三维物体采集二维图像,这往往是一个几何过程,在计算机视觉中,称为相机模型。为了解决第 2 个不同,我们使用光流算法,光流问题往往用于视频序列中,尝试在后面的帧中找到前面帧的所有像素或者大部分像素。由于在现实中,相机或者物体通常不是固定不动的,所以需要通过光流来估计运动的物体与相机的运动,从而实现对物体的跟踪算法。图 5-1 展示了不同种类的相机。

图 5-1 不同种类的相机

5.1 相机模型

5.1.1 针孔相机模型

首先问读者们一个问题,视觉是如何形成的?很简单,物体发射或者反射的光,到达了视网膜,在视网膜中成像。小孔成像相信大家都听过,那么我们介绍的第一个相机模型就是针孔相机模型。为了方便起见,首先介绍几个常用的概念:①相机平面,为了简单起见,我们将相机看成一个平面,远处的光线经过此平面时被折射或反射,当然一个相机模型可能存在多个相机平面(多个透镜)。②图像平面,物体聚焦成像的平面。③相机焦距,远处平行光经过相机模型后汇聚于一点,此点与相机平面的距离称为焦距,显然焦距可以是负的。④投影中心,物体发出的所有光线汇聚的点。

针孔相机模型很简单,在相机平面只有一个点可以通过光线,换句话说,物体上每个点发出的无数条光线中,只有通过小孔的光线能够穿过小孔,到达投影平面。对于理想的针孔相机,焦距就是图像到针孔平面的距离,所以此相机的焦距是可以变化的,这与我们常说的透镜的焦距不同。而投影中心正好是针孔。图 5-2 展示了小孔相机示意图。

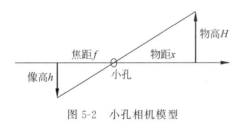

图 5-2 小孔相机模型

假设针孔相机模型焦距为 f,物体高度为 H,物体离针孔平面距离为 x,则成像的高度 h 可以用式(5-1)计算:

$$h = f \times \frac{H}{x} \tag{5-1}$$

假设物体上某个点的坐标为 (X,Y,Z),其中,Z 为物体到小孔的距离,则物体经过相机模型后对应成像点的坐标为 $(f \times X/Z, f \times Y/Z)$,如果考虑到相机模型并非真正的平面,而是有一定的厚度,以及焦距并非是均匀的,那么对应成像点的坐标为 $(f_x \times X/Z + C_x, f_y \times Y/Z + C_y)$。

针孔相机模型是最简单的相机模型,那么为什么在现实生活中这种相机并不存在呢?这是因为前面所讲的,物体发出的光线,只有一条能通过小孔,就会使得成像非常暗,需要长时间的曝光才能得到足够亮度的图像。所以生活中我们常用透镜来收集更多的光线。

5.1.2 射影几何

接着介绍更一般的情况,其实相机模型就是将物理世界中的点 (X,Y,Z) 映射到平面上的点 (x,y) 处,显然物理世界中的点在成像平面上有且仅有一个点与之对应,而成像平面上的点可能对应物理世界中的多个点。这种映射也称为射影变换。

采用射影变换,我们可以将点 (X,Y,Z) 转为点 (x,y),首先将点 (x,y) 转为齐次坐标: $(x,y,1)$。则射影变换可以用一个 3×3 的矩阵 M 表示,满足 $(x,y,1) = M \times (X,Y,Z)$。例如针孔相机模型,$M$ 可以由式(5-2)给出:

$$M = \frac{1}{Z} \begin{bmatrix} f_x & 0 & c_x \\ 0 & f_y & c_y \\ 0 & 0 & 1 \end{bmatrix} \tag{5-2}$$

在 OpenCV 中，齐次坐标与非齐次坐标的转换非常简单，只需使用函数 cv2.convertPointsToHomogeneous 和 cv2.convertPointsFromHomogeneous 即可。参数为输入向量和输出向量。

【代码 5-1】

```
#齐次坐标与非齐次坐标的转换
import numpy as np
import cv2
#设置坐标
point = np.array([[1,2]])
#转为齐次坐标
pointth = cv2.convertPointsToHomogeneous(point)
#转为非齐次坐标
pointfh = cv2.convertPointsFromHomogeneous(pointth)
#输出
print(pointth)
print(pointfh)
```

5.2 透镜

相信大家对透镜不陌生，例如我们戴的眼镜就是一个透镜。透镜一般是由玻璃或树脂制成的，是一种表面为球面的光学透镜。

透镜的工作原理是使得同一点发出的不同光线，在经过透镜后汇聚于同一点，这样就使物体在经过透镜后成像了。透镜成像公式非常简单，假设物距为 u，焦距为 f，则像距 v 由式(5-3)决定，此式也称为透镜成像公式。

$$\frac{1}{u} + \frac{1}{v} = \frac{1}{f} \tag{5-3}$$

透镜一般分为凸透镜和凹透镜，其均不是真正的球面。凸透镜中间厚，两边薄，物体放在焦距之外，对光线有汇聚作用，可在凸透镜的另一侧形成倒立的实像，如照相机；物体放在焦距之内，在凸透镜同一侧成正立放大的虚像，如放大镜。凹透镜则是中间薄，两边厚，对光线有发散作用，所成的像为缩小的虚像，如近视眼镜。根据透镜两侧球面的种类，透镜又分为双凸透镜、双凹透镜和凹凸透镜。图 5-3 展示了凸透镜与凹透镜的区别。

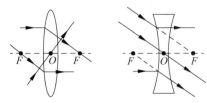

图 5-3　凸透镜 VS 凹透镜,图中三条特殊的光线分别为:
过光心 O 的光线、平行于主轴的光线和过左侧焦点的光线

5.3　透镜畸变

现实中不存在完美的透镜,所以我们把真实的透镜与完美透镜的差异叫作透镜畸变。畸变导致的结果是远处的平行光经过透镜后不再汇聚于一点。透镜畸变分为径向畸变和切向畸变,前者由于透镜的厚度和形状不均匀导致,而后者往往是由于相机在组装过程中的误差造成的。

径向畸变往往在透镜的边缘附近产生,对应不完美的透镜,远离中心处的光线比靠近透镜中心处的光线更加弯曲,导致"鱼眼"效应。径向畸变导致原本为直线的物体边缘在成像时变为曲线。图 5-4 展示了径向畸变示意图。

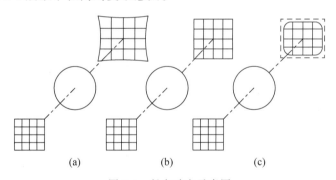

图 5-4　径向畸变示意图

(a),(c)由于径向畸变导致正方形物体成像的边缘不再是直线

径向畸变很小,对于一般的相机,如果要对径向畸变进行矫正,我们可以将其在 $r=0$ 处进行泰勒展开,然后对成像位置 x 进行矫正式(5-4),通常只需要保留前两项即可。

$$x_{矫正}=x\times(1+c_1r^2+c_2r^4) \tag{5-4}$$

切向畸变往往由于透镜平面与成像平面不平行导致。切向畸变导致的结果是物像比例失真。图 5-5 展示了切向畸变示意图。

如果要对切向畸变进行矫正,对于图像上的点 (x,y),x 的矫正坐标不仅与 x 有关,还与 y 有关(式(5-5))

$$x_{矫正} = x \times (1 + c_1 r^2 + c_2 r^4) \tag{5-5}$$

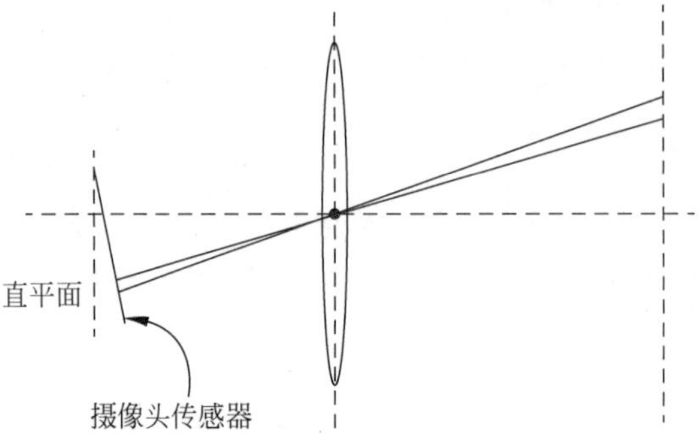

图 5-5 切向畸变示意图

当然，在成像系统中还有很多不同的畸变种类，不过它们的影响相对于径向畸变和切向畸变较小，所以一般不需进一步处理。

5.4 光流

在现实世界中还有一个很重要的问题，就是物体和相机往往都是在运动的，这也导致了很多图像数据都是视频类的，为了追踪物体或相机，研究者提出了光流的概念。光流将匹配不同图像中的相同像素，光流的理想输出是两幅图像中每像素的速度关联，也叫作位移向量。光流分为稠密光流和稀疏光流，区别在于，前者匹配一幅图像中的所有点，而后者只匹配一部分点，这些点往往是图像中更容易跟踪的点，例如角点。由于稀疏光流的成本要远低于稠密光流，所以现实应用中通常使用稀疏光流。

5.4.1 稀疏光流

首先介绍稀疏光流。稀疏光流的算法有一段有趣的背景，当时研究人员想建立一种稠密光流算法，但是发现此方法更容易应用到图像像素的子集中，因此反而成为稀疏光流的算法。

此算法名为 Lucas-Kanade 稀疏光流算法，它计算围绕某些特殊点的局部窗口信息。缺点是当两幅图之间对应点移动过大时，无法在局部窗口中找到，这也导致了金字塔 Lucas-Kanade 算法的发展，如图 5-6 所示。与之前学过的图像金字塔类似，该算法从图像金字塔最高级别开始追踪，层层递进，因此允许更大幅度的像素运动。

此算法基于 3 个基本假设。①亮度恒定，认为整个场景的平均亮度不变，或者说像素的值不变，只是位置改变了。②运动缓慢，两幅图像之间的运动幅度比较小。③空间一致性，对于同一物体，在两幅图像中的大小和形状应该基本一致。以上 3 个假设可以用一个公式统一表示，下面来详细讲解此公式。

首先用 $I(x, t)$ 来表示 t 时刻，在 x 位置的像素，显然，由于物体与相机的移动，x 也是

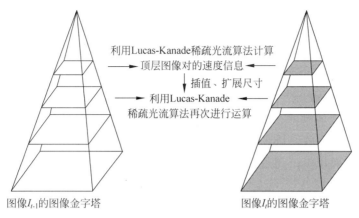

图 5-6 金字塔 Lucas-Kanade 算法示意图

和时间有关的函数 $x(t)$，那么第 1 个假设就是 $I(x,t)$ 对时间的偏导数为 0，即

$$\frac{\mathrm{d}I}{\mathrm{d}t}=0 \tag{5-6}$$

由第 2 个假设运动缓慢，可以认为物体速度 v 在短时间内是不变的，将式(5-6)展开，可得

$$\frac{\mathrm{d}I}{\mathrm{d}t}=\frac{\partial I}{\partial x}\frac{\partial x}{\partial t}+\frac{\partial I}{\partial t}=\frac{\partial I}{\partial x}v+\frac{\partial I}{\partial t}=0 \tag{5-7}$$

于是就得到一维情况下的光流速度方程为

$$v=-\frac{I_t}{I_x} \tag{5-8}$$

那么，如果假设并不能完全满足呢？也很简单，可以使用迭代的方法（也叫牛顿法）求解，每次使用上一次的速度作为下一次的初值，然后重复计算，直至其收敛，一般在 5 次左右即可结束。

二维的情况和一维类似，将速度分解为 x 方向上的分量 v_x 与 y 方向上的分量 v_y，于是有

$$I_x v_x + I_y v_y + I_t = 0 \tag{5-9}$$

但是，式(5-9)有两个未知数(v_x,v_y)，所以无法直接求解，需要更多的条件。这时候就要用到光流问题的最后一个假设，即窗口内像素移动的规律是相同的。假设使用 3×3 的窗口，在当前像素周围 3×3 的窗口内计算其运动，可以得到 9 个方程：

$$\begin{bmatrix} I_x(p1) & I_y(p1) \\ \vdots & \vdots \\ I_x(p9) & I_y(p9) \end{bmatrix} \begin{bmatrix} v_x \\ v_y \end{bmatrix} + \begin{bmatrix} I_t(p1) \\ \vdots \\ I_t(p9) \end{bmatrix} = 0 \tag{5-10}$$

现在有了一个约束方程，只要像素不是恰好处于图像的边缘位置，就可以对其进行求解。具体的求解方式是使用最小二乘法：

$$\min \left\| A \begin{bmatrix} v_x \\ v_y \end{bmatrix} + b \right\| \tag{5-11}$$

$$\begin{bmatrix} v_x \\ v_y \end{bmatrix} = -(A^{\mathrm{T}}A)^{-1}A^{\mathrm{T}}b \tag{5-12}$$

于是局部光流速度的问题就解决了,但是,当发生较剧烈的运动需要窗口尺寸变大时,效果就会明显变差,所以我们使用金字塔 Lucas-Kanade 算法,首先解决顶层光流,然后将其值作为下一层问题的初值,以此类推。由于不同层之间图像的比例不同,所以即使每层都使用较小的窗口,也可以追踪到更长、更快的运动。下面来看一下该算法在 OpenCV 中的实现,主要用到的函数是 cv2.calcOpticalFlowPyrLK(),参数说明如下:

previmg:前一帧图像;

nextimg:后一帧图像;

prevpts:前一帧图像像素;

nextpts:后一帧图像像素;

status:是否发现相应特征;

err:错误度量;

winsize:窗口尺寸;

maxlevel:最大深度;

criteria:算法结束条件。

【代码 5-2】

```
# 金字塔 Lucas - Kanade 算法
# - * - coding: UTF - 8 - * -
import numpy as np
import cv2
# 打开一个视频
cap = cv2.VideoCapture("视频位置")
# 读取第一帧
ret, frame0 = cap.read()
# 转换为灰度图
gray0 = cv2.cvtColor(frame0, cv2.COLOR_BGR2GRAY)
# 获取图像中的角点
p0 = cv2.goodFeaturesToTrack(gray0, mask = None, maxCorners = 50,
qualityLevel = 0.5, minDistance = 5, blockSize = 5)
# 创建一个掩膜用来画轨迹
mask = np.zeros_like(frame0)
while(True):
    ret,frame = cap.read()
    gray = cv2.cvtColor(frame, cv2.COLOR_BGR2GRAY)
# 计算光流
```

```
    p1, st, err = cv2.calcOpticalFlowPyrLK(gray0, gray, p0, None, winSize = (10,10),
maxLevel = 5,criteria = (cv2.TERM_CRITERIA_EPS , 10, 0.03))
#选取跟踪点
    new = p1[st==1]
    old = p0[st==1]
#画出轨迹
    for i,(new,old) in enumerate(zip(new,old)):
        #坐标值
        a,b = new.ravel()
        c,d = old.ravel()
        #画轨迹曲线
        mask = cv2.line(mask, (a,b),(c,d), [0,0,255], 2)
        frame = cv2.circle(frame,(a,b),5,[0,0,255], -1)
img = cv2.add(frame,mask)
#显示图像
    cv2.imshow('frame',img)
#按 Esc 键退出检测
    k = cv2.waitKey(30) & 0xff
    if k == 27:
        break
#更新上一帧的图像和追踪点
    gray0 = gray.copy()
    p0 = new.reshape(-1,1,2)
#释放资源
cap.release()
```

运行结果如图 5-7 所示。

图 5-7　金字塔 Lucas-Kanade 算法效果示意图，图中曲线即为各时刻光流叠加而成

5.4.2 稠密光流

稠密光流在实际场景中往往包含多个物体,要确定哪些物体特征对应哪个物体是跟踪的一个难点。稠密光流将所有运动向量分配给图像中的每像素。这是非常困难的,因为前后两幅图中的像素几乎没有变化,特别是在物体只有一种颜色的情况下,只有物体的边缘像素会改变,那么在边缘像素中的点就需要使用插值算法来计算。

Horn-Schunck 算法是早期的稠密光流算法之一,其试图将每像素周围的窗口匹配到下一幅图像。后面的研究大多基于此算法,可惜的是,在 OpenCV 中,此算法的接口已经被弃用了。

Farnback 多项式算法将图像视为连续表面进行光流计算,方法是对图像上的每个点进行多项式拟合。首先,将图像变成与每个点相关联的二次多项式,也就是说每个点与附近点的像素看成一个二次函数。如果图像的像素是光滑的,则像素的位移会导致该处对应的二次多项式展开系数变化,从变化可以推出位移量。假设前后两幅图的二次多项式分别为 $f_1 = a_1 x^2 + b_1 x + c_1$ 和 $f_2 = a_2 x^2 + b_2 x + c_2$,则位移 d 为

$$d = -\frac{1}{2} \frac{b_2 - b_1}{a_1} \tag{5-13}$$

式(5-13)需要的位移量 d 很小,那么当位移不是小位移时呢?可以采用 5.4.1 节讲的金字塔 Lucas-Kanade 算法,在每层中是一个小位移,然后通过层层迭代,得到最终的结果。

在 OpenCV 中,使用 cv2.calcOpticalFlowFarneback() 函数计算 Farnback 多项式光流,参数说明如下:

levels:金字塔层数;

iterations:迭代次数;

polyN:多项式次数。

【代码 5-3】

```
#Farnback 多项式光流算法
import cv2
import numpy as np
#读取视频
cap = cv2.VideoCapture("视频位置")
#读取第一帧
ret, frame1 = cap.read()
#转换为灰度图
prvs = cv2.cvtColor(frame1, cv2.COLOR_BGR2GRAY)
hsv = np.zeros_like(frame1)
hsv[..., 1] = 255
#计算光流
while True:
```

```
    # 读取每一帧
    ret, frame2 = cap.read()
next = cv2.cvtColor(frame2, cv2.COLOR_BGR2GRAY)
# 计算光流
    flow = cv2.calcOpticalFlowFarneback(prvs, next, None, 0.5, 3, 15, 3, 5, 1.2, 0)
    mag, ang = cv2.cartToPolar(flow[..., 0], flow[..., 1])
hsv[..., 0] = ang * 180 / np.pi / 2
hsv[..., 2] = cv2.normalize(mag, None, 0, 255, cv2.NORM_MINMAX)
bgr = cv2.cvtColor(hsv, cv2.COLOR_HSV2BGR)
    # 显示光流
    cv2.imshow('frame2', frame2)
    cv2.imshow('flow', bgr)
# 退出
k = cv2.waitKey(1) & 0xff
    if k == 27:
        break
prvs = next
# 释放资源
cap.release()
cv2.destroyAllWindows()
```

视频原图如图 5-8(a)所示，运行结果如图 5-8(b)所示。

(a) 视频原图　　　　　　(b) 计算到的光流，可以明显看出多个人的轮廓

图 5-8　Farnback 多项式算法效果示意图

稠密光流另一个重要的算法是 DualTV-L 模型。首先定义能量损失，指的是前后帧强度的差：

$$E(x,\boldsymbol{u}) = (I_{t+1}(x+\boldsymbol{u}) - I_t(x))^2 + a^2 \parallel \nabla \boldsymbol{u} \parallel^2 \tag{5-14}$$

其中，$I_t(x)$ 表示 t 时刻图像在 x 处的强度，a 是相对影响的权重系数，$\boldsymbol{u}$ 是能量流向量。原先的 Horn-Schunck 算法在所有可能的流场中找到使 $E(x,\boldsymbol{u})$ 最小的 $\boldsymbol{u}$，可以使用朗格朗日乘子法得到。而 DualTV-L 模型对能量损失公式进行了改进，将平方求和变为直接求和：

$$E(x,u) = |I_{t+1}(x+u) - I_t(x)| + \lambda|\nabla u| \tag{5-15}$$

如此做的一个好处是局部梯度收到的惩罚较小,在不连续的问题上效果更好;另一个好处是可以将问题分解为两个独立问题,更方便进行求解。

在 OpenCV 中使用 cv2.optflow.DualTVL1OpticalFlow_create() 函数创建 DualTV-L 光流,然后使用 flow.calc() 计算光流。参数说明如下:

lambda:权重系数;

nscales:金字塔尺度数;

epsilon:停止准则。

5.5 跟踪

跟踪算法在日常生活中非常常见,特别是在安防领域,一般来讲,我们说的跟踪都是通用单目标跟踪,在整个视频流中跟踪一个运动的物体,当然也可以推广到多目标跟踪。常用的数据集为 VOT 竞赛数据库、TB50(如图 5-9 所示)和 TB100,顾名思义,就是分别由 50 个视频和 100 个视频组成,数据集的第一帧有一个人工标注的矩形框,即为跟踪目标,然后需要用跟踪算法在后面的帧中找到这个矩形框。

图 5-9 TB50 数据集部分数据

目标跟踪的几大难点为光照变化、外观变形、快速运动、平面旋转、相似背景、遮挡及出视野。

跟踪主要分为两大类:生成模型和判别模型,目前比较流行的是判别模型,让我们先来学习一下判别模型。

经典判别模型有 Struck 和 TLD 两种，原理非常简单，将物体框作为正样本，将背景作为负样本，然后使用机器学习模型进行分类训练，之后将训练好的模型应用到后续帧上即可，相当于在每一帧做一个目标检测问题。例如，行人检测用 HOG 特征＋SVM 分类器，Struck 算法用到了类 haar 特征＋SVM 分类器，与检测类似，跟踪中为了尺度自适应也需要多尺度遍历搜索整幅图像，当然跟踪算法对特征提取和预测的速度要求很高，所以实际上并不会对每一帧都进行计算，只需要在跟踪失败或一定间隔之后再次检测就可以了。

生成类模型有卡尔曼滤波、粒子滤波和 mean-shift 等，其在当前帧对目标区域建模，然后在下一帧寻找与模型最相似的区域，这就与前面讲的光流联系在一起了。ASMS 与 DAT 都是仅使用颜色特征的算法且速度很快，ASMS 是 VOT2015 官方推荐的实时算法，平均速度为 125 帧/秒，其在经典 mean-shift 结构下加入了尺度估计、颜色直方图特征、两个正则项和反向尺度一致性检查。

当然，说到跟踪算法不得不说相关滤波，如图 5-10 所示，其中最经典的高速相关滤波类跟踪算法有 CSK、KCF、DCF 和 CN 等。其中 KCF 一出世，就在速度及准确率上都碾压了当时其他的模型。滤波在前面的章节已经讲解过了，例如高斯滤波可以减少噪声，那么什么是相关滤波呢？很简单，就是将这一帧与上一帧物体不相似的背景过滤，剩下与物体相似的即为这一帧中的物体位置，具体做法是使用一个卷积核在图像上滑动，计算旋转 180°后的卷积，得到的矩阵各个元素后求和，使原图中每个位置输出一个预测值，然后与实际值（或者说期望值）做拟合，一般使用均方损失。简单来说，相关滤波就像一个单层的卷积神经网络。

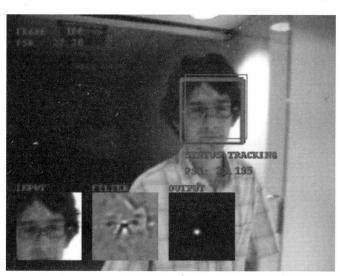

图 5-10　相关滤波算法效果图

假设原图像为 f，卷积核为 h，则输出图像为

$$g = f \otimes h \tag{5-16}$$

两边同时进行傅里叶变换得到

$$G = FH \tag{5-17}$$

那么,如何通过 G、F 求得 H 呢?如果 F 可逆,则 $H=F^{-1}G$。而一般情况下,需要进行最小二乘法优化:

$$\min \sum (F_i H - G_i)^2 \tag{5-18}$$

式(5-18)对 H 求导为 0,即可算出解:

$$H = \frac{\sum F_i \otimes G_i}{\sum F_i \otimes F_i} \tag{5-19}$$

CSK、KCF 等算法将原本的单通道线性卷积(MOSSE)拓展为 Kernel 卷积,并且加入正则化项,防止过拟合。另外,KCF 在 CSK 的基础上扩展了多通道的 HOG 特征,CN 算法在 CSK 的基础上扩展了多通道颜色的特征。HOG 是梯度特征,而 CN 是颜色特征,两者恰好可以互补。

第 6 章 传统图像处理之目标检测

本章为传统图像处理的最后一章,相信读者们已经猜到了,既然我们已经得到图像的各种特征、完成对图像进行降噪,以及完成了三维重建,那么接下来的任务就是对图像的内容进行识别。所以,本章为读者们带来传统图像处理中,使用各种机器学习模型进行目标检测与识别。6.4 节的实战为人脸识别。

6.1 OpenCV 中的机器学习

6.1.1 机器学习简介

近几年,人工智能的概念非常火,而机器学习正是人工智能的一个分支,图 6-1 展示了人工智能与机器学习,以及其他相关概念的关系。它的目的是将海量的数据转换为有用的信息。机器学习可以做两件事:①处理大规模数据,假设人每秒处理一条数据,一天就可以处理 86400 条,一年则大约可以处理 31536000 条,而现在的大数据,动辄上亿条信息,靠人工根本处理不过来,所以机器学习的优势就体现出来了。②从数据中提取规则或信息。仅仅处理数据还不能满足需求,必须要能从数据汇总并提取信息。机器往往擅长处理结构化的数据(数字化),而不擅长处理非结构化的数据。例如从海量的图片中找出有人脸的图片,这对于人来说很容易,但是对于机器来说却很困难。

一般来说,我们会把数据分成训练集和测试集,这是为了防止过拟合。我们知道只要参数够多,我们就能拟合任意的函数,所以我们会在训练集对我们的模型进行训练,使其对训练集的分类准确率变高,之后在测试集上测试,如果在测试集上的分类准确率也很高,那么我们就认为这个模型是可靠的。

根据数据有无标签,机器学习可以分为有监督学习和无监督学习,当然还有近年来新出现的半监督学习。有的时候我们没有足够的标签,例如从 1 亿张图片中找到包含人脸的图片,要对一亿张图片进行标记就相当困难。于是我们有两种做法,第一是找一小部分数据进行标记,然后对这部分数据进行有监督学习。第二是直接对所有数据进行无监督学习。

根据不同的学习目标,机器学习模型又可以分成生成式模型和判别式模型。生成式模型预测数据的分布,例如高斯分布,判别式模型则预测数据的分类,例如图像中有人脸还是没有。判别式模型在预测方面更具优势,而生成式模型往往用来产生新的数据,也更容易被理解。举个例子,对于画画,判别式模型只能判别画得对不对,而生成式模型可以自己做画。

根据数据标签是连续的还是非连续的,机器学习模型又可以分为分类器和回归器。对于非连续的标签,我们往往使用分类器把每个标签看作一类;反之,对于连续的标签,我们往往使用回归器,目标值为任意实数,也可以认为在值域中的每个实数为一类。如图 6-1 所示,机器学习是人工智能的一个分支,而深度学习其实是机器学习的一个分支。

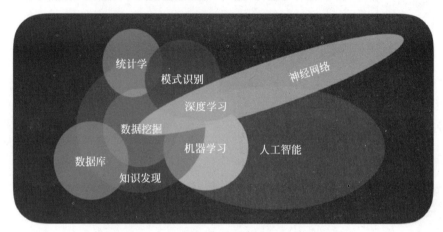

图 6-1 人工智能与其他相关概念的联系

6.1.2 OpenCV 机器学习数据流

在机器学习中,第一步也是最重要的一步就是数据流搭建,在现实生活中,数据往往不是规则化的或是格式化的,举个例子,现在有一张表记录了学生的成绩,这张表由姓名、科目、成绩组成,其中姓名、科目是字符串,而成绩是数字,表中还有可能出现缺漏、删改等情况,这些都是对我们进行模型搭建不利的。

正因为其如此重要,所以在 ml 模块中,有一个专门的类用来进行数据处理,那就是 cv2.TrainData,图 6-2 展示了 TrainData 中的各种常用方法。

首要任务就是对数据进行打包,在 TrainData 类中,我们使用 create() 方法,将数据生成为 OpenCV 可识别的矩阵。此方法的参数为:输入矩阵 samples(必须是 32 位浮点单通道数据)、输出矩阵 responses、训练变量 varIdx、训练样本 sampleIdx、样本权重 sampleWeights。可能有读者会问,一般图片都是三通道的矩阵,但是 create() 函数输入必须单通道,那么要如何训练图片呢? 很简单,在传统图像处理中,我们用来处理的是特征,所以可以将每一个像素按行排列,而每一列就是此像素的所有特征。第二个问题,有时候数据并非浮点型数据,例如姓名、性别等信息,这又该怎么办呢? 也很容易,只要将其对应唯一的 32 位浮点即可。但是要注意,转换必须一一对应,最常用的转换就是空值,或者说缺失值,一般可设为 -1.0 或者 -9999.0。

Public Member Functions

virtual	~TrainData ()
virtual int	getCatCount (int vi) const =0
virtual Mat	getCatMap () const =0
virtual Mat	getCatOfs () const =0
virtual Mat	getClassLabels () const =0
	Returns the vector of class labels. More...
virtual Mat	getDefaultSubstValues () const =0
virtual int	getLayout () const =0
virtual Mat	getMissing () const =0
virtual int	getNAllVars () const =0
virtual void	getNames (std::vector< String > &names) const =0
	Returns vector of symbolic names captured in **loadFromCSV**() More...
virtual Mat	getNormCatResponses () const =0
virtual void	getNormCatValues (int vi, InputArray sidx, int *values) const =0
virtual int	getNSamples () const =0
virtual int	getNTestSamples () const =0
virtual int	getNTrainSamples () const =0
virtual int	getNVars () const =0
virtual Mat	getResponses () const =0
virtual int	getResponseType () const =0
virtual void	getSample (InputArray varIdx, int sidx, float *buf) const =0
virtual Mat	getSamples () const =0
virtual Mat	getSampleWeights () const =0
virtual Mat	getTestNormCatResponses () const =0
virtual Mat	getTestResponses () const =0
virtual Mat	getTestSampleIdx () const =0
virtual Mat	getTestSamples () const =0

图 6-2　TrainData 中的各种常用方法（篇幅所限没有全部列出，详见 https://docs.opencv.org/master/dc/d32/classcv_1_1ml_1_1TrainData.html）

通常情况下，我们存储的数据是 CSV 格式，这也是 Excel 在办公软件中独霸天下的原因，那么现在我们有 Python 之后，Excel 的功能就无关紧要了，那么在 OpenCV 中如何读取 CSV 格式文件呢？我们使用 loadFromCSV() 方法，此方法的参数为：文件名 filename、跳过头行数 headerLineCount、特征开始编号 responseStartIdx、特征结束编号 responseEndIdx、特征类型 varTypeSpec、分隔符 delimiter 和缺失值符号 missch。

读取数据后，我们需要对数据进行分割，除了分成训练集、测试集之外，有时由于数据量过于庞大，我们还需要将其切割成不同的部分再进行训练，这在深度学习中非常常用。

分割训练集和测试集可以使用 setTrainTestSplit()、setTrainTestSplitRatio() 和 shuffleTrainTest() 等方法。其中前两个方法都是指定训练集数量，而最后一个则是随机分配。

分割完后如何查看训练集和测试集呢？非常简单，使用 getTrainSamples() 和 getTestSamples() 方法即可。当然还可以从训练集和测试集中获得特定数量的数据。

6.1.3　OpenCV 机器学习算法

OpenCV 中的 ML 库复杂机器学习算法，其中包含各种常用的算法，详见图 6-3。

下面介绍常用的算法（以下函数均为 OpenCV2 版本中所使用的函数，如使用 OpenCV3 版请查阅新的函数名称）：

```
class  cv::ml::ANN_MLP
       Artificial Neural Networks - Multi-Layer Perceptrons. More...
class  cv::ml::Boost
       Boosted tree classifier derived from DTrees. More...
class  cv::ml::DTrees
       The class represents a single decision tree or a collection of decision trees. More...
class  cv::ml::EM
       The class implements the Expectation Maximization algorithm. More...
class  cv::ml::KNearest
       The class implements K-Nearest Neighbors model. More...
class  cv::ml::LogisticRegression
       Implements Logistic Regression classifier. More...
class  cv::ml::NormalBayesClassifier
       Bayes classifier for normally distributed data. More...
class  cv::ml::ParamGrid
       The structure represents the logarithmic grid range of statmodel parameters. More...
class  cv::ml::RTrees
       The class implements the random forest predictor. More...
struct cv::ml::SimulatedAnnealingSolverSystem
       This class declares example interface for system state used in simulated annealing optimization algorithm. More...
class  cv::ml::StatModel
       Base class for statistical models in OpenCV ML. More...
class  cv::ml::SVM
       Support Vector Machines. More...
class  cv::ml::SVMSGD
       Stochastic Gradient Descent SVM classifier. More...
```

图 6-3 OpenCV 机器学习类

cv2.KNearest(),K 近邻算法(KNN),最简单的分类器之一,对于测试数据,由与其距离最近的 K 个训练样本进行投票,从而确定分类结果。

cv2.EM(),EM 算法,用于将多个高斯分布的和分离,换言之,用多个高斯分布去拟合数据。

cv2.DTrees(),决策树模型,经常作为判别分类器,在树的每一个节点,通过数据特征和一个阈值将数据划分到不同的子节点中,最后使得叶子结点只存在一类数据。此种方法训练慢,而测试快。

cv2.Boost(),随机森林中的 boosting 方法,训练多棵树,加权求和所有树得到最终的结果。每棵树的训练目标为之前树的和与真实值之间的残差。

cv2.LogisticRegression(),逻辑回归,虽然叫回归,但是往往用于分类问题。逻辑回归是在线性模型的基础上,加入 sigmoid 激活函数,从而实现将输出归一化到[0,1],作为分类的概率值。

cv2.NormalBayesClassifier(),朴素贝叶斯模型,此模型是基于贝叶斯概率和贝叶斯定理的模型,在现实生活中往往并不成立。

cv2.SVM(),最经典的机器学习模型,此模型支持向量机(SVM),在神经网络兴起之前是最火的机器学习模型。既可以进行分类,也可以进行回归,可以对任意维度的空间进行建模。方法是将低维的非线性分类转换到高维的线性分类。当数据量不大时,该算法性能非常好。

下面我们以 K 近邻算法作为一个例子，为读者们讲解代码，图 6-4 展示了 KNN 算法的结果。

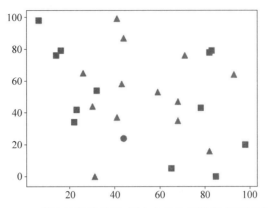

图 6-4　KNN 算法结果示意图，图中方块为训练集，圆圈为测试点

【代码 6-1】

```
#K近邻算法实现
import cv2
import numpy as np
import matplotlib.pyplot as plt
#生成训练集
trainData = np.random.randint(0,100,(25,2)).astype(np.float32)
#生成标签
responses = np.random.randint(0,2,(25,1)).astype(np.float32)
#标签为 1 则画红色
red = trainData[responses.ravel()==1]
plt.scatter(red[:,0],red[:,1],80,'r','^')
#标签为 2 则画蓝色
blue = trainData[responses.ravel()==0]
plt.scatter(blue[:,0],blue[:,1],80,'b','s')
#生成测试点
newcomer = np.random.randint(0,50,(1,2)).astype(np.float32)
#创建KNN
knn = cv2.ml.KNearest_create()
#训练
knn.train(trainData,cv2.ml.ROW_SAMPLE,responses)
#测试,K = 3
ret, results, neighbours, dist = knn.findNearest(newcomer, 3)
#按结果画出点
if results == np.array([[1.0]]):
    plt.scatter(newcomer[:,0],newcomer[:,1],80,'r','o')
else:
    plt.scatter(newcomer[:,0],newcomer[:,1],80,'b','o')
plt.show()
```

ML库中所有的算法都是由公共基类cv2.StateModel继承而来,包括所有训练和预测方法。其中常用的方法就是train():训练,此方法的可选参数为输入样本samples、模型参数值和输出responses;predict()方法:预测,此方法的可选参数为输入样本samples、输出结果results和模型参数值。当然每个不同算法的具体方法名称不尽相同。

6.2 基于支持向量机的目标检测与识别

在传统的计算机视觉中,我们有两种方法来进行目标检测与识别,第一种就是支持向量机(SVM),图6-5展示了SVM的训练过程。当然,算法只是以支持向量机为基础,还要辅以其他附加组件才能进行训练;第二种就是基于树的目标检测算法,此算法将于6.3节详细讲解。

常用的方法有两种:词袋方法和隐式支持向量机,它们的区别是前者可以进行整个场景的识别及分析,而后者主要应用于场景中的具体目标识别,如信号灯、车牌、人脸等。

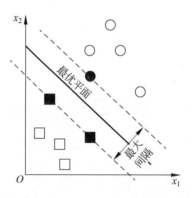

图6-5 SVM算法训练过程示意图

6.2.1 词袋算法

词袋算法(Bag of Words),也叫Bag of Keypoints,常用于语义分类,也可以用于目标检测与识别。顾名思义,此算法的本质就是把相似的、同类的单词或文件放入一个袋中,然后用特定的关键词标记。举个例子,在归档个人信息与文件时,每个人的姓名就是关键词,当文件中出现某个人的姓名时,就把其放入对应的袋中。同理,在计算机视觉中,相同的物体往往有特定的特征,当检测到这些特征时,就可以识别出物体。那么关键词如何定义呢?一般来说,我们会使用相对频率,显然出现频率越高的单词,也就越重要。

词袋算法的训练过程通常为训练分类器,给定训练集后,算法先将图像转为特征向量,之后对这些向量进行训练。那么之所以归于支持向量机类,就是因为常用的分类器算法就是SVM。

在OpenCV中,词袋算法的类为cv2.BOWTrainer,可用方法为add():添加关键点、

getDescriptors()：返回添加的描述符、getDescriptorsCount()：返回添加的描述符数量和 cluster()：对数据进行聚类分析。当然可以选择不同的聚类算法，例如 K-means。

接下来就是训练分类器，我们使用一对多的方法，假设目标有十类，就训练十个不同的分类器，如果目标有二十类，就训练二十个不同的分类器，以此类推。

6.2.2 隐式支持向量机算法

隐式支持向量机(Latent SVM)由布朗大学的 Felzenszwalb 教授提出，最早用于行人检测，后来推广到检测更多其他的目标。该算法使用一个滑动窗口，通过窗口将图片分割成片，每一片计算梯度，然后合成梯度直方图，接着将梯度直方图合成一个特征向量，最后用 SVM 对其进行训练。之所以取名叫隐式，是因为它不但可以检测整个目标，还可以检测目标的不同组件。例如检测行人，既可以检测整个人，也可以检测手、脚、头等。

在 OpenCV 中，使用 DPMDetector 类进行目标检测，包括方法 create()：创建检测器、detect()：进行检测、getClassCount()：返回分类的数量和 getClassNames()：获得分类的名称。

下面就让我们动手实践一下 SVM 算法吧。

【代码 6-2】

```python
#SVM 实现手写数字识别
import cv2
import numpy as np
import mlpy

# 得到图像特征
def getFeatures (filename):
    # 读取图片
    img = cv2.imread(filename)
    # 存储特征
    vectors = []
    w,h,d = img.shape
    for i in range(w):
        # x方向特征
        xvector = []
        for j in range(h):
            # 得到像素颜色
            b,g,r = img[i,j]
            b = 255 - b
            g = 255 - g
            r = 255 - r
            # 设置特征值
            if btz > 0 or gtz > 0 or rtz > 0:
```

```
                    flag = 1
                else:
                    flag = 0
                xvector.append(flag)
                vectors += xvector
        return vectors

#读取训练样本和标签
trainimg = []
trainlabel = []
for i in range(10):
    for j in range(10):
        #图片名称
        filename = 'train/' + str(i) + '-' + str(j) + '.png'
        x.append(getFeatures(filename))
        y.appen(i)

#转换为矩阵
trainimg = np.array(trainimg)
trainlabel = np.array(trainlabel)
#创建 SVM 分类器
svm = mlpy.LibSvm(svm_type = 'c_svc', kernel_type = 'poly', gamma = 5)
svm.learn(trainimg, trainlabel)

#测试
for i in range (5):
    testfilname = 'test/' + str(i) + '-test.png'
    testimg = []
testimg.append(getFeatures (testfilname))
#输出结果
    print testfilname + ":", svm.pred(testimg)
```

6.3 基于树方法的目标检测与识别

第二种就是基于树的目标检测算法，也叫级联分类器，就是训练多个分类器，将其逐个连接起来。它基于 boosting 方法，常用于人脸识别。

OpenCV 中的级联分类器最早由 Michael Jones 开发，最初用于人脸识别，后来推广到更多领域，从最初的只支持 Harr 小波检测发展到支持各种不同的"类 Harr"特征。

检测器使用有监督学习方法，利用 Adaboost 进行拒绝级联，如图 6-6 所示。拒绝级联的每个节点设置一个拒绝率，一般设置为 50%，每次将拒绝率高于阈值的图片筛选掉，这样通过多次筛选之后，剩下的图片或区域就是我们需要的目标。这种做法就像是很多人同时解决一个很复杂的问题，每个人无法单独解决问题，但是每个人可以排除一个错误答案，那么最终剩下的就是正确答案。想象一下，如果每次的准确率是 50%，通过 10 个节点后，剩下的图片准确率就为 $1-0.5^{10}=99.9\%$。

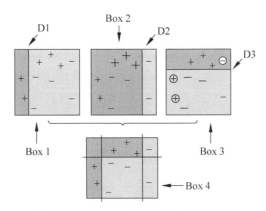

图 6-6   Adaboost 算法训练过程示意图

有的读者会问，如果节点将真正的目标也删除了怎么办呢？这就涉及另一个概念——检测率。一般来说检测率和拒绝率成反相关，只要检测率足够高（99% 以上），就可以使被误删的真正目标很少。

当真正的目标较稀疏时（如人脸检测，人脸可能只占整个图像的 1/10），这种做法可以大大减小计算量，因为大部分背景在很早的节点就被删除了。如在人脸检测时，原始图像被不同大小的窗口扫过，75% 左右的非人脸窗口都在前两个节点被删除，大大加快了算法的速度。

在 OpenCV 中，使用 CascadeClassifer 对象实现级联分类器，此对象只有一个参数，就是级联分类器的名字。然后使用其中的 detectMultiScale() 方法进行图像搜索，此方法的参数为输入图像（img）、输出检测到的物体（objects）、尺寸参数（scaleFactor）、需要的最小邻近目标数量（minNeighbors）、最小面积（minSize）和最大面积（maxSize）。

6.4 代码实战：人脸识别

目标检测最经典也是最常用的应用之一就是人脸识别，无论是现在的智能手机、人脸付账、安检等功能，都用到人脸检测算法，而且速度快、准确率高，例如在用手机照相，好几个人站在一起，仍然可以清晰地检测出每一个人的人脸，那么在这一章的代码实战部分，我们就来实现最基础的人脸检测。

首先，我们需要获取人脸的特征。最简单的做法就是使用 Haar 特征值，其反映了图像的灰度变化情况，例如：眼睛要比脸颊颜色深，鼻梁两侧比鼻梁颜色深，嘴巴比周围颜色深等。在 OpenCV 中，已经为我们训练好了人脸的大部分特征，可以通过以下网址查询：https://github.com/opencv/opencv/tree/master/data/haarcascades。此网址提供眼部特征、正面特征、身体特征、微笑特征等。我们只需要使用默认的 haarcascade_frontalface_default.xml 即可。文件中包含使用 adaboost 方法训练的各种脸部特征和参数，共有几万个参数。

图 6-7 和图 6-8 分别展示了单人脸识别和多人脸识别的结果。

图 6-7　单人脸检测示意图

图 6-8　多人脸检测示意图

【代码 6-3】

```
# 人脸识别
import cv2
# 获取训练好的人脸的参数数据，创建分类器
face_cascade = cv2.CascadeClassifier(r'./haarcascade_frontalface_default.xml')
# 读取图片
image = cv2.imread("图片名称,包含完整路径")
# 转为灰度图
gray = cv2.cvtColor(image, cv2.COLOR_BGR2GRAY)
# 探测图片中的人脸，参数需根据实际图片调整
faces = face_cascade.detectMultiScale(
    gray,
    scaleFactor = 1.2,
    minNeighbors = 3,
```

```
        minSize = (10,10),
        flags = cv2.cv.CV_HAAR_SCALE_IMAGE
)
#框出人脸
for(x,y,w,h) in faces:
cv2.rectangle(image,(x,y),(x+w,y+w),(0,255,0),2)
#显示图片
cv2.imshow("Find Faces!",image)
cv2.waitKey(0)
```

6.5 传统图像总结

至此,传统图像处理方法全部讲述完了,传统图像处理可以分为三步:第一步,图像颜色空间转化、降噪、美化;第二步,寻找重要特征;第三步,对特征进行训练、分类、识别。传统图像处理中最重要的一步就是寻找特征,而寻找特征的方法也是五花八门,这也是传统计算机视觉遇到瓶颈的原因,我们用人类的先验知识,让计算机学习人类的识别方法,虽然效果也不差,但是也限制了计算机的效率的提升。

与传统计算机视觉不同,深度学习采用自学习特征的模式,不需要人为去规定特征、寻找特征、使用各种滤波手段等,而是使用深层神经网络,让计算机自己寻找重要的特征,可能和人类使用的特征相去甚远,当然这使得在一部分任务上,计算机突破了人类的极限,无论是识别速度还是准确率都高于人类。

那么第 7 章,就让我们进入有趣的深度学习领域吧!

第 7 章 深度学习初识

本章为基于深度学习的计算机视觉的第 1 章,旨在让读者们了解和认识深度学习,对深度学习的优势、原理、基本方法等有所涉猎。深度学习作为近年来最流行的话题之一,可以说达到了无人不知、无人不晓的地步,很多人对深度学习非常崇拜,认为其高深莫测,其实深度学习一点也不神秘,相反,其比传统机器学习更容易上手。那么接下来,就让我们揭开深度学习的面纱。

7.1 深度学习基础

早在第一章我们就已经介绍过深度学习的起源:人工神经网络。深度学习,恰恰是人工神经网络的升级:深度神经网络,如图 7-1 所示。深度神经网络,顾名思义就是将原来单层或几层的神经网络,变成十几层甚至上百层的网络。从理论上来说,两层的神经网络就能够拟合任意种类,为什么还要十几层甚至上百层呢?其实这是根据人脑的结构而来,人脑有无数个神经元,如图 7-2 所示,信息通过神经元之间进行传递,传递过程中也需要通过大量的

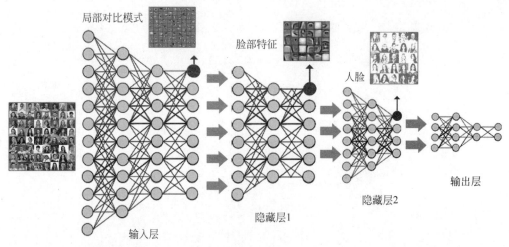

图 7-1 深度神经网络示意图,从图中可以看出,当图片通过不同层时,获得了不同的特征

神经元,每个神经元仅仅处理一小部分信息,无数个神经元加起来,就完成了完整的任务。其实在现实生活中,我们也常常这样做,例如如果需要买一台计算机,我们会自然地把任务分成几步:出门、走到商店、挑选计算机、付账、回家。越是复杂的任务,人们就会将其分成越多步,其实这就是人类思考问题的过程:化繁为简,抽丝剥茧。

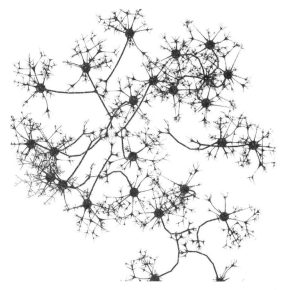

图7-2 大脑中的神经元

为什么深度神经网络发展如此之迅猛呢?主要有以下原因:1. 使用了正向传播、反向传播算法;2. 使用非线性激活函数;3. 使用了 Dropout 正则化方法;4. 硬件升级使得运算速度大大增加,下面我们来一一介绍。

7.2 正向传播、反向传播算法

说到机器学习,不得不提到梯度下降法。何为梯度下降法呢?很简单,就是使函数沿着梯度方向下降。在机器学习中,我们经常要求一个复杂函数的最大值或最小值,由于计算机不能像人类那样,可以对算式显示一步步的求导过程,所以我们只能使得函数逐渐减小,直至最小值。那么为什么要沿着梯度方向下降,而不是其他的方向呢?这是因为沿着梯度方向,函数下降得最快。如果我们用 w 表示参数,$f(w)$ 表示目标函数或是损失函数,那么梯度下降法由式(7-1)给出:

$$w_{t+1} = w_t - \alpha \nabla f \tag{7-1}$$

其中,α 表示学习率,α 越大,函数下降越快,但是 α 过大,函数将无法下降到最小值。

对于深度学习,前向传播非常简单,假设每一层函数为 f_n,那么输出为:

$$输出 = f_n(f_{n-1}(\cdots f_1(输入))) \tag{7-2}$$

对于深度学习,普通的梯度下降法会出现问题,那就是参数过多,一般一个深度神经网络有几千万甚至上亿的参数,如果对每个参数同时进行更新,计算量则太大。如何解决这一问题呢?很简单,就像 SVM 中的 SMO 算法一样,我们每步只更新有限数量参数,每次只更新一层的参数,根据求导的链式法制式(7-3),使用反向传播算法,一层一层将求导的结果传回去。图 7-3 展示了正向、反向传播示意图。

$$\frac{\partial f_1(f_2(x))}{\partial x} = \frac{\partial f_1(f_2(x))}{\partial f_2(x)} \cdot \frac{\partial f_2(x)}{\partial x} \tag{7-3}$$

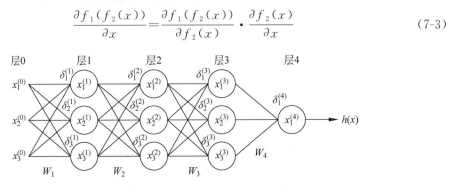

图 7-3 正向、反向传播示意图,图中 $x_i^{(j)}$ 表示通过正向传播,得到第 j 层的第 i 个参数;$\delta_i^{(j)}$ 表示通过反向传播,得到第 j 层的第 i 个参数的导数

7.3 非线性激活函数

早先的人工神经网络,人们没有使用激活函数,由于网络是线性的,只能解决线性问题,而无法解决 XOR 之类的问题,所以需要非线性激活。非线性激活是指在函数的每一层之后,使输出通过一个非线性函数,之后再输入下一层。图 7-4 展示了常用的激活函数。

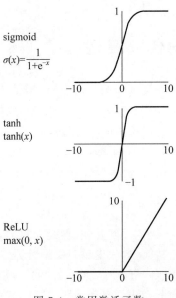

图 7-4 常用激活函数

正是有了非线性激活函数,使我们的深度神经网络可以拟合任意种类的函数,而无须对函数进行任何先验假设,所以才使深度学习脱颖而出。

7.4 Dropout 正则化方法

深度学习有一个小问题,就是当模型层数过深时,会出现过拟合,如图 7-5 所示。与传统机器学习解决过拟合的方法不同,深度学习提出了一种新方法:Dropout。这种方法非常有趣,在训练时,对于每个神经元,以一定的概率随机进行激活。只有激活的神经元才进行正向传播与反向求导。在测试时,则以神经元参数×激活概率作为神经元的值。

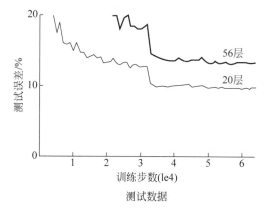

图 7-5　层数过深时,会出现过拟合,从图中可以看出,在测试集上,
56 层网络的效果不如 20 层网络的效果

为什么 Dropout 有效?这是因为我们往往不需要所有的信息就能进行判断。举个例子,我们做人脸识别的时候,人脸上的特征:两个眼睛、一个鼻子、一张嘴巴和两个耳朵。显然我们不需要将五官都检测到才说这是人脸,例如有的人耳朵受伤了,或者一个耳朵被挡住了,那你能说这不是人脸吗?所以,我们往往只需要两个眼睛,一个鼻子或是两个眼睛,一张嘴巴就能确定这是人脸了。那么对于深度学习也一样,假设一个物体有 100 个特征,我们只需要找到其中的 10 个,就能大致确定是这个物体,于是我们每次只需要激活 100 个神经元中的 10 个即可,而如果我们需要找到所有的 100 个特征,就很有可能过拟合,如图 7-6 所示。

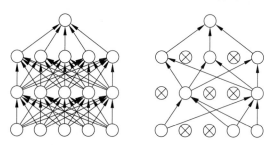

图 7-6　Dropout 示意图,左图为正常网络,右图为使用 Dropout 后的网络,
中心为叉的神经元没有被激活

7.5　GPU 加速运算

我们知道 CPU 功能强大，我们的计算机的所有功能都基于 CPU，而 GPU 只能做一些图形渲染的工作，那么为什么 GPU 比 CPU 更适合深度学习呢？与 CPU 不同，GPU 采用了数量众多的计算单元和超长的流水线，但只有非常简单的控制逻辑单元，这正适合深度神经网络这种只需要简单操作并且计算量特别大的问题。试想，你需要做几百万次加减法，在工资一样的条件下，你是雇用一个顶级教授呢，还是雇用 100 个学生呢？CPU 就像顶级教授，功能强大，但是对于深度学习来说，杀鸡焉用牛刀。

GPU 发展非常迅猛，也使得对深度神经网络的计算越来越快，以前需要训练 1 天的网络，现在也许只需 1 小时甚至更短的时间便可完成，未来人们还会大力发展 TPU，功能更加强大，相信到时候深度学习会更火。

第 8 章 基于深度学习的计算机视觉之卷积神经网络

2012 年,AlexNet 横空出世,卷积神经网络从此火遍大江南北。此后,经过无数人呕心沥血的研究,卷积神经网络终于在图像识别领域超过人类,那么卷积神经网络有何神奇之处呢?下面就让我们深入地研究一下。

8.1 卷积神经网络基本架构

首先我们介绍卷积神经网络的基本结构,与最早的神经网络不同,除了全连接层之外,卷积神经网络加入了卷积层和池化层。卷积层和我们在传统计算机视觉中学的卷积极为相关,而池化层主要用于减少参数的数量,防止过拟合。图 8-1 展示了 AlexNet 的基本结构。

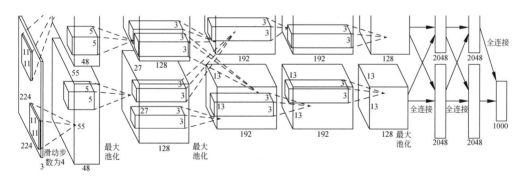

图 8-1 AlexNet 结构示意图,引自 Krizhevsky, A., Sutskever, I., & Hinton, G.E.（2012）.
ImageNet classification with deep convolutional neural networks.
In Advances in neural information processing systems

8.1.1 卷积层

首先介绍卷积层,如图 8-2 所示,英文名为 convolution layer,卷积层是卷积神经网络的核心,每个卷积层由多个卷积核组成。当输入图像经过卷积核时,每个通道的图像会与每个卷积核进行卷积操作,参见式(8-1),如图 8-3 所示。举个例子,如式(8-2)所示,输入图像的

大小为 $5×5$，卷积核大小为 $3×3$，卷积操作从左上角开始，输入图像左上角的 $3×3$ 块与卷积核进行对应位置相乘后求和，所得为输出图像左上角的像素值，之后卷积和滑动，直至到右下角为止，得到 $3×3$ 的输出图像：

$$\begin{pmatrix} a_1 & a_2 & a_3 \\ a_4 & a_5 & a_6 \\ a_7 & a_8 & a_9 \end{pmatrix} × \begin{pmatrix} b_1 & b_2 & b_3 \\ b_4 & b_5 & b_6 \\ b_7 & b_8 & b_9 \end{pmatrix} = \sum a_i b_i \qquad (8\text{-}1)$$

$$\begin{pmatrix} 1 & 1 & 1 & 1 & 1 \\ 2 & 2 & 2 & 2 & 2 \\ 3 & 3 & 3 & 3 & 3 \\ 4 & 4 & 4 & 4 & 4 \\ 5 & 5 & 5 & 5 & 5 \end{pmatrix} × \begin{pmatrix} 1 & 1 & 1 \\ 1 & 1 & 1 \\ 1 & 1 & 1 \end{pmatrix} = \begin{pmatrix} 18 & 18 & 18 \\ 27 & 27 & 27 \\ 36 & 36 & 36 \end{pmatrix} \qquad (8\text{-}2)$$

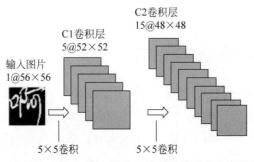

图 8-2　卷积层示意图，输入图片经过卷积层后变为多通道输出

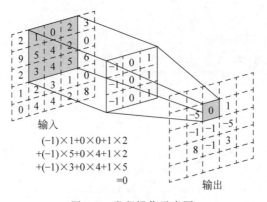

图 8-3　卷积操作示意图

考虑一般的情况，如果输入图像的大小为 $n_1 × n_2$，卷积核大小为 $m_1 × m_2$，（显然 $m_i < n_i$），卷积后，卷积核水平滑动距离为 s_1，竖直滑动距离为 s_2，则输出图像大小为 $k_1 × k_2$，k_1 和 k_2 可由式(8-3)给出：

$$k_1 = \frac{n_1 - m_1 + 1}{s_1}, \quad k_2 = \frac{n_2 - m_2 + 1}{s_2} \qquad (8\text{-}3)$$

需要注意的是，当卷积核滑动到图片末尾时，当剩余像素数量不够一次滑动时，会自动忽略剩余的像素。由于这种卷积方式会忽略边缘的像素（边缘的像素只计算一次，而中心的像素被计算多次），所以有第二种卷积方式，我们称之为填充（padding），很简单，在边缘之外加入像素值为 0 的行和列，如图 8-4 所示。这样，新的像素值为 0 的行和列变为新的边缘，而旧的边缘则变为内部的像素，从而可以被多次计算。

图 8-4　图像填充操作，不为 0 区域为原图，0 区域为填充部分

padding 操作卷积后特征大小为

$$k_1 = \text{Floor}\left(\frac{n_1 - m_1 + 2 \times p_1}{s_1}\right) + 1$$
$$k_2 = \text{Floor}\left(\frac{n_2 - m_2 + 2 \times p_2}{s_2}\right) + 1 \quad (8\text{-}4)$$

其中，Floor 表示向下取整，p_1 和 p_2 表示 padding 补充单列 0 的行和列。

最后，如果卷积核的数量为 n，则输出特征图共有 n 个通道。如果输入图像通道数为 c，则每个卷积核的通道数为 c，卷积层的参数个数为：每个卷积核大小$\times c \times n$。

8.1.2　池化层

接下来介绍池化层，如图 8-5 所示，英文名为 pooling layer，顾名思义，就是将图片分成一个一个池子，每个池子输出一个值。举个例子，最简单的 2×2 池化层，将图像分为 2×2 的小块，每个小块的四个像素经过池化函数输出一个新的像素值。于是，新的图像的总面积减小 4 倍。

总体来说，池化层既减少了输入图像的尺寸，又在一定程度上保留了每个像素的值，是一种优秀的减少参数的方法。

常用的池化层为平均池化式（8-5）和最大池化式（8-6）：

$$\begin{pmatrix} 1 & 2 \\ 3 & 4 \end{pmatrix} \xrightarrow{\text{经过平均池化得}} 2.5 \quad (8\text{-}5)$$

$$\begin{pmatrix} 1 & 2 \\ 3 & 4 \end{pmatrix} \xrightarrow{\text{经过最大池化得}} 4 \quad (8\text{-}6)$$

假设池化层的参数为 $m_1 \times m_2$，输入图像大小为 $n_1 \times n_2$，则输出图像大小为 $\left[\frac{n_1}{m_1}\right] \times$

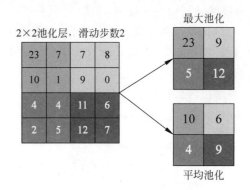

图 8-5 池化层示意图,左边为输出,右上为最大池化,右下为平均池化

$\left[\dfrac{n_2}{m_2}\right]$,输入图像和输出图像的通道相同。池化层也有 stride 和 padding 操作,同卷积层的操作规则一样,上述例子 stride(滑动)窗口与池化窗口大小一致,所以输出图像大小为 $\left[\dfrac{n_1}{m_1}\right] \times \left[\dfrac{n_2}{m_2}\right]$(设有 padding)。

8.1.3 全连接层

全连接层,如图 8-6 所示。全连接层与早先的人工神经网络的线性层一样。需要注意的是,由于图像是二维的,而我们常用的全连接层是一维的,所以我们想要将其"压扁"为一维度:

$$\begin{matrix}1 & 1\\ 1 & 1\end{matrix} \xrightarrow{\text{重塑}} 1\ 1\ 1\ 1$$

全连接层的作用相当于对输入向量左乘矩阵,假设输入向量为 x,全连接层对应矩阵为 W,输出为 x':

$$x'^{\mathrm{T}} = Wx^{\mathrm{T}} \tag{8-7}$$

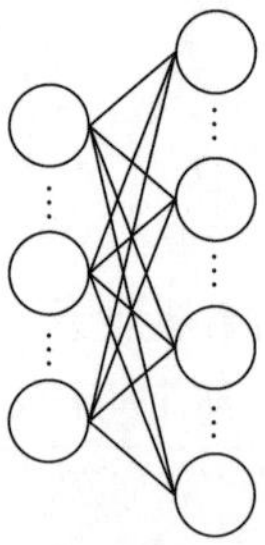

图 8-6 全连接层示意图,图中空心圆圈表示输入和输出,连线为全连接层的参数

8.1.4 Softmax 激活函数

在卷积神经网络的最后一层,激活函数与之前每层的激活函数不同。由于最后一层要作为分类的结果,我们希望输出的结果(一维向量的值)为各分类的概率,那么概率最大的那个分类就是我们得到的预测结果。例如输出为[0.5,0.3,0.1,0.1,0],则我们就选取第一类作为预测结果。

如何使得输出的结果为概率值呢?我们一般用 Softmax 激活函数,如图 8-7 所示。为了使得输出的结果为概率值,首先我们需要将每一个值限制在 0~1。其次,需要一个向量所有值的和为 1,最后函数应该为单调递增的函数。所以我们选用归一化的指数函数作为激活函数式(8-8):

$$[x_1,x_2,\cdots,x_n] \xrightarrow{softmax} \left[\frac{e^{x_1}}{\sum e^{x_i}},\frac{e^{x_2}}{\sum e^{x_i}}\cdots\frac{e^{x_n}}{\sum e^{x_i}}\right] \tag{8-8}$$

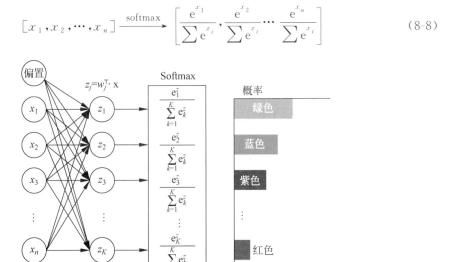

图 8-7　Softmax 激活函数示意图

8.1.5 交叉熵损失

最后,我们使用交叉熵损失作为损失函数,主要是因为这种损失使得我们一开始训练速度很快。交叉熵的概念从熵的概念引申而来,所以计算公式非常相似。假设我们的输出值为 $X=[x_1,x_2,\cdots,x_n]$,标签为 $Y=[y_1,y_2,\cdots,y_n]$,则损失函数的值为:

$$\sum -y_i\log(x_i) \tag{8-9}$$

对于图像问题,我们往往用 one-hot 形式进行标签标注,例如对于一个 10 分类的问题,一个标签为[1,0,0,0,0,0,0,0,0,0],对应的输出值为 $p=[x_1,x_2,\cdots,x_{10}]$,则交叉熵损失为 $\log(x_1)$。

8.2 AlexNet 结构详解

有了以上卷积层、池化层,以及全连接层的知识后,我们来尝试解析 AlexNet 的结构,如图 8-1 所示。

首先,输入图像大小为 227×227×3,为什么输入尺寸是这个数字呢?不要着急,等讲完结构后我们会发现这样的用意。

第一层为卷积层,卷积核大小为 11×11,共 96 个卷积核,由两个 GPU 分别训练,每次滑动步长为 4,激活函数为 ReLU,所以输出特征图大小为 55×55×96(其中(227-11)/4+1=55)。

第二层为池化层,核大小为 3×3,每次滑动步长为 2,所以输出特征图大小为 27×27×96(其中(55-3)/2+1=27)。

第三层为卷积层,卷积核大小为 5×5,共 256 个卷积核,每次滑动步长为 1,对输入图像做两个像素的填充,激活函数为 ReLU,所以输出特征图大小,输出为 27×27×256(其中 27+2×2-5+1=27)。

第四层为池化层,核大小为 3×3,每次滑动步长为 2,所以输出特征图大小为 13×13×256(其中(27-3)/2+1=13)。

第五层为卷积层,卷积核大小为 3×3,共 384 个卷积核,每次滑动步长为 1,对输入图像做一个像素的填充,激活函数为 ReLU,所以输出特征图大小,输出为 13×13×384(其中 13+1×2-3+1=13)。

第六层为卷积层,卷积核大小为 3×3,共 384 个卷积核,每次滑动步长为 1,对输入图像做一个像素的填充,激活函数为 ReLU,所以输出特征图大小,输出为 13×13×384(其中 13+1×2-3+1=13)。

第七层为卷积层,卷积核大小为 3×3,共 256 个卷积核,每次滑动步长为 1,对输入图像做一个像素的填充,激活函数为 ReLU,所以输出特征图大小,输出为 13×13×256(其中 13+1×2-3+1=13)。

第八层为池化层,核大小为 3×3,每次滑动步长为 2,所以输出特征图大小为 6×6×256(其中(13-3)/2+1=6)。

之后将特征图重构至一维:9216×1。

第九层为全连接层,输出为 4096×1,激活函数为 ReLU。

第十层为 Dropout 层,神经元激活的概率为 0.5。

第十一层为全连接层,输出为 4096×1,激活函数为 ReLU。

第十二层为 Dropout 层,神经元激活的概率为 0.5。

第十三层,也是最后一层为全连接层,输出为 1000×1,激活函数为 Softmax。

最后,使用交叉熵损失进行多分类训练。

好,回到开头的问题,为什么输入图像大小为 227×227×3 呢?我们可以看出,对于每一层，输入特征图的长宽恰好能被滑动的步长整除，这就是设计原图长、宽均为 227 的原因。

最后，网络有多少参数呢？如果不考虑 bias 参数，则

第一层卷积层：$3\times11\times11\times96=34848$

第三层卷积层：$96\times5\times5\times256=614400$

第五层卷积层：$256\times3\times3\times384=884736$

第六层卷积层：$384\times3\times3\times384=1327104$

第七层卷积层：$384\times3\times3\times256=884736$

第九层全连接层：$9216\times4096=37748736$

第十一层全连接层：$4096\times4096=16777216$

最后一层全连接层：$4096\times1000=4096000$

池化层、Dropout 层没有参数。

所以，总共参数为：62367776(59.5M)。

8.3 卷积神经网络的优点

卷积神经网络为什么比以前的全连接神经网络表现更好呢？主要有以下几个原因：

第一，减少了网络参数，举个例子，大小为 $28\times28\times3$ 的图像，经过 $3\times3\times32$ 的卷积层，输出为 $28\times28\times32$ 的特征图，卷积层的参数为 $3\times3\times3\times32=864$，而如果使用一个全连接层，参数数量为 $28\times28\times3\times28\times28\times32=59006976$，大了几个数量级，由于减少了网络参数，大大减小了过拟合的可能，从而增加了网络的准确率。

第二，保留了局部特征。由于卷积层比起全连接层更注重局部特征，更能对较小的物体进行识别，而图像中的物体往往占整个图像的比例不高，所以物体的局部特征更重要。

第三，卷积层具有平移不变性。由于卷积层是滑动的，举个例子，两张手写数字图片，一张的数字在左上角，另一张的数字在右下角，对于卷积核来说，两张图输出的值是一样的，只不过一个在左上角，一个在右下角，所以，无论数字如何移动，都逃不过卷积层的法眼。

第 9 章 基于深度学习的计算机视觉之 TensorFlow

对于程序员来说,一种好的编程语言无疑是最重要的,在深度学习领域,就有一门这样的语言:TensorFlow,它集成了大量的深度学习常用函数,使得我们可以快速而优雅地部署模型,以及进行训练。图 9-1 展示了 TensorFlow 的标志。

图 9-1　TensorFlow 的标志

9.1　TensorFlow 的起源

TensorFlow 是一个基于数据流编程的符号数学系统,被广泛应用于各类机器学习算法的编程实现,那么 TensorFlow 是谁构建起来的呢?原来,其前身是谷歌的神经网络算法库 DistBelief。其由谷歌人工智能团队——谷歌大脑开发和维护,拥有包括 TensorFlow Hub、TensorFlow Lite、TensorFlow Research Cloud 在内的多个项目,以及各类应用程序接口。自 2015 年 11 月 9 日起,TensorFlow 依据阿帕奇授权协议开放源代码。

据说,现在开源的 TensorFlow 只是真正的 TensorFlow 的一部分,还有一部分只有在谷歌内部才能看到,所以读者们,努力学习,将来有一天进入谷歌,瞧一瞧真正的 TensorFlow 吧。

9.2 TensorFlow 基础知识

接下来让我们来学习 TensorFlow 的基本知识,并自己搭建一个模型进行训练。

9.2.1 安装

对于 Python 用户安装 TensorFlow 非常简单,只需在命令行输入:
pip install tensorflow
如果要使用 GPU 加速,则输入:
pip install tensorflow-gpu
默认版本为最新版本,如果需要指定版本,则需要输入版本号:
pip install tensorflow=1.5.0
安装完成后,可以使用如下命令查看版本:
import tensorflow as tf
tf.__version__

9.2.2 图计算

对于深度学习框架,图计算是基础中的基础。什么是图计算呢?很简单,将深度学习中的正向传播和反向求导按顺序构建成一张图,之后计算的时候只要根据图中的顺序更新参数即可。

图计算分为两大类:静态图和动态图。所谓静态图,就是先定义整张图,再进行计算,优点是再次运行的时候不再需要重新构建计算图;而对于动态图,每次计算都会重新构建一个新的计算图,优点是随时可以解决缺陷(bug),不需要等到整张图构建完才可以解决 bug。

那么 TensorFlow 使用哪种模式呢?答案是两种都使用。在 TensorFlow 1.x 版本中,默认使用静态图,需要先创建图(graph),之后才能在会话(session)中进行计算,但是也可以通过快速执行(eager)模式,进行动态图计算。而在最新的 TensorFlow 2.0 版本中,默认为动态图模式。

9.2.3 TensorFlow 2.0

不知不觉,TensorFlow 也来到了 2.0 时代,TensorFlow 2.0 有以下主要特点:
(1)大量简化 API;
(2)快速执行;
(3)不需要再创建会话;
(4)不再使用全局变量跟踪;
(5)统一保存模型格式。

可以说，TensorFlow 2.0 非常便于学习和使用，让我们可以把更多的精力放在研究问题上，建议读者们从 TensorFlow 2.0 开始学习。

9.2.4 张量

TensorFlow 中绝大多数的数据用张量的形式来存储，所谓张量，就是一个高维的矩阵。在 TensorFlow 中，使用 tf.Tensor 类表示张量，一个张量的参数有 编号(id)、形状(shape=())、数据类型(dtype)、值(value)、所在计算图(graph)、张量名称(name)。

张量中最常用的为常量和变量，常量使用 tf.constant，而变量可以看成一个装鸡蛋的篮子，里面的鸡蛋就是一个张量，改变变量的值就是改变里面的鸡蛋。变量使用 tf.Variable 类，参数为名称(name)、形状(shape)、数据类型(dtype)、数值(value)。图 9-2 展示了张量的所有数据类型，默认使用 tf.float32。

- tf.float16: 16比特半精度浮点。
- tf.float32: 32比特单精度浮点。
- tf.float64: 64比特双精度浮点。
- tf.bfloat16: 16比特截断浮点。
- tf.complex64: 64比特单精度复数。
- tf.complex128: 128比特双精度复数。
- tf.int8: 8比特有符号整数。
- tf.uint8: 8比特无符号整数。
- tf.uint16: 16比特无符号整数。
- tf.int16: 16比特有符号整数。
- tf.int32: 32比特有符号整数。
- tf.int64: 64比特有符号整数。
- tf.bool: 布尔型。
- tf.string: 字符串。
- tf.qint8: 量化8比特有符号整数。
- tf.quint8: 量化8比特无符号整数。
- tf.qint16: 量化16比特有符号整数。
- tf.quint16: 量化16比特无符号整数。
- tf.qint32: 量化32比特有符号整数。
- tf.resource: 处理可变资源。

图 9-2　TensorFlow 的张量数据类型

【代码 9-1】

```
#常量和变量示例
a = tf.constant(2, name = 'a')
b = tf.constant(3, name = 'b')
#计算 a 加 b
x = tf.add(a, b)
print(x)
```

```
print(a + b)
#得到 a 的形状
a.get_shape()
#得到 a 的值
a.numpy()
#变量
s = tf.Variable(2, name = "scalar")
m = tf.Variable([[0, 1], [2, 3]], name = "matrix")
W = tf.Variable(tf.zeros([784,10]))
#将变量 s 赋值为 3
s.assign(3)
#将变量 s 的值加 3
s.assign_add(3)
```

9.2.5 tf.data

我们使用 tf.data 来构建高效的数据流,创建数据集,图 9-3 显示了常用的数据集。为什么需要高效的数据流呢？如图 9-4 所示,没有创建 pipeline 和创建 pipeline 的速度差别非常大。

boston_housing 模块：波士顿房价回归数据集。
cifar10 模块：CIFAR10 小图像分类数据集。
cifar100 模块：CIFAR100 小图像分类数据集。
fashion_mnist 模块：时尚迷你数据集。
imdb 模块：IMDB 情绪分类数据集。
mnist 模块：MNIST 手写数字数据集。
reuters 模块：路透社新闻话题分类数据集。

图 9-3 tf 中常用的数据集

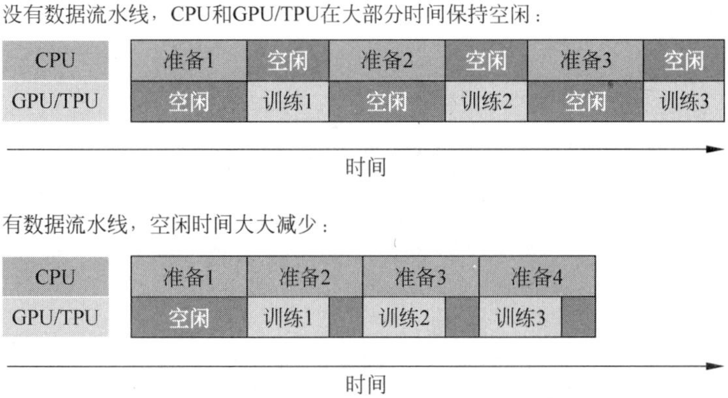

没有数据流水线,CPU 和 GPU/TPU 在大部分时间保持空闲：

CPU	准备1	空闲	准备2	空闲	准备3	空闲
GPU/TPU	空闲	训练1	空闲	训练2	空闲	训练3

时间 →

有数据流水线,空闲时间大大减少：

CPU	准备1	准备2	准备3	准备4
GPU/TPU	空闲	训练1	训练2	训练3

时间 →

图 9-4 没有创建 pipeline 和创建 pipeline 的硬件使用效率示意图

【代码 9-2】

```python
#创建数据集(3种)
tf.data.Dataset.from_tensors((features, labels))
tf.data.Dataset.from_tensor_slices((features, labels))
tf.data.Dataset.from_generator(gen, output_types, output_shapes)
#创建数据集方法的区别
dataset = tf.data.Dataset.from_tensors([1,2,3,4,5])
for element in dataset:
    print(element.numpy())
it = iter(dataset)
print(next(it).numpy())

dataset = tf.data.Dataset.from_tensor_slices([1,2,3,4,5])
for element in dataset:
    print(element.numpy())
it = iter(dataset)
print(next(it).numpy())
#读取数据集
#包含多个 txt 文件的行
tf.data.TextLineDataset(filenames)
#来自一个或多个二进制文件的固定长度记录的数据集
tf.data.FixedLengthRecordDataset(filenames)
#包含多个 TFRecord 文件的记录
tf.data.TFRecordDataset(filenames)
#合并数据集,zip 方法
features = tf.data.Dataset.from_tensor_slices([1,2,3,4,5])
labels = tf.data.Dataset.from_tensor_slices([6,7,8,9,10])
dataset = tf.data.Dataset.zip((features,labels))
for element in dataset3:
    print(element)
#对数据取 batch,注意 batch(4)不是指取 4 个数据,而是指将数据集中的数据打包为 4 个一组
inc_dataset = tf.data.Dataset.range(100)
dec_dataset = tf.data.Dataset.range(0, -100, -1)
dataset = tf.data.Dataset.zip((inc_dataset, dec_dataset))
batched_dataset = dataset.batch(4)
#读取数据集
for batch in batched_dataset.take(4):
    print([arr.numpy() for arr in batch])
#对数据集进行随机打乱
shuffle_dataset = dataset.shuffle(buffer_size = 10)
for element in shuffle_dataset:
    print(element)
#使用常用的数据(图 9-4)
#xx 为数据集的名称
tf.keras.datasets.xx.load_data()
```

9.2.6 可视化

为了直观地显示模型，TensorFlow 内置了可视化模块 TensorBoard，可以让我们更轻松地跟踪训练的过程和观察训练的结果，图 9-5 为可视化的一个简单实例。

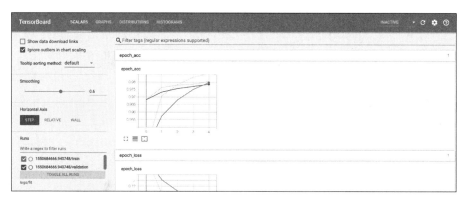

图 9-5　TensorBoard 示例

【代码 9-3】

```
#可视化
tensorboard_callback = tf.keras.callbacks.TensorBoard(log_dir = log_dir, histogram_freq = 1)
#命令行输入
tensorboard --logdir
```

9.2.7 模型存取

花了大力气训练好了模型，当然要进行保存了，在 TensorFlow 中，有两种保存模型的方式，第一种只保存模型的权重，我们也称它为保存检查点（checkpoint），使用函数 model.save_weights('checkpoint')，由于只保存了权重，在读取模型时，我们必须重新搭建模型，之后使用 model.restore(ckpt) 即可。

第二种保存整个模型，使用 model.save('my_model.h5')，读取的时候就不需要重新搭建模型了，直接使用 model = load_model('my_model.h5') 即可。

9.2.8 Keras 接口

为了方便我们使用，TensorFlow 实现了 tf.keras 接口，里面实现了大量的函数，可以说，只有想不到的，没有 tf.keras 没有的函数。下面来介绍常用的函数。

全连接层：tf.keras.layers.Dense，此函数的参数为神经元数量 units、激活函数 activation、是否使用偏置参数 use_bias、初始化参数 initializer、正则化参数 regularizer。

卷积层：tf.keras.layers.Conv1D、2D、3D，共三种不同维度的卷积层，分别对应输入为词向量、图片和视频。此函数的参数为卷积核数量 filters、卷积尺寸核 kernel_size、滑动步长 strides、填充方式 padding、激活函数 activation、是否使用偏置参数 use_bias、初始化参数 initializer、正则化参数 regularizer。

池化层：池化层非常多，分为平均池化层 tf.keras.layers.AveragePooling2D、最大池化层 tf.keras.layers.MaxPool2D、全局平均池化层 tf.keras.layers.GlobalAveragePooling2D 和全局最大池化层 tf.keras.layers.GlobalMaxPool2D。所谓全局池化层，就是对某一维度进行平均，例如输入为 28×28 的图片，输出为 28×1 的向量。函数的参数为池化大小 pool_size、滑动步长 strides、填充方式 padding。

Dropout 层：tf.keras.layers.Dropout

BatchNorm 层：tf.keras.layers.BatchNormalization

RNN 单元：tf.keras.layers.RNN

LSTM 单元：tf.keras.layers.LSTM

GRU 单元：tf.keras.layers.GRU

最后，常用的优化器：tf.keras.optimizers.Adagrad、tf.keras.optimizers.Adam，以及 tf.keras.optimizers.SGD。

9.2.9 神经网络搭建

有了这么多不同类型的层后，我们就可以动手搭建自己的模型了：

【代码 9-4】

```python
#全连接层模型
model = tf.keras.Sequential([
    tf.keras.layers.Flatten(input_shape = (28, 28)),
    tf.keras.layers.Dense(128, activation = 'relu', bias = False, trainable = False),
    tf.keras.layers.Dense(10, activation = 'softmax')
])
#卷积神经网络
model1 = tf.keras.Sequential()
model1.add(tf.keras.layers.Conv2D(32, (3, 3), activation = 'relu', input_shape = (28, 28, 1)))
model1.add(tf.keras.layers.MaxPooling2D((2, 2)))
model1.add(tf.keras.layers.Conv2D(64, (3, 3), activation = 'relu'))
model1.add(tf.keras.layers.MaxPooling2D((2, 2)))
model1.add(tf.keras.layers.Conv2D(64, (3, 3), activation = 'relu'))
model1.add(tf.keras.layers.Flatten())
model1.add(tf.keras.layers.Dense(256, activation = 'relu'))
model1.add(tf.keras.layers.Dense(10, activation = 'softmax'))
#RNN网络
model2 = tf.keras.Sequential()
model2.add(tf.keras.layers.LSTM(128, input_shape = (None, 28)))
model2.add(tf.keras.layers.Dense(10, activation = 'softmax'))
```

9.3 代码实战：手写数字

本章最后,我们实现一个 minist 手写数据的训练,如图 9-6 所示。

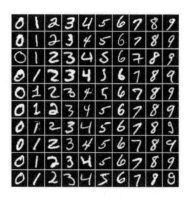

图 9-6 minist 数据集示例

【代码 9-5】

```
#读取模型
fashion_mnist = tf.keras.datasets.fashion_mnist

(train_images, train_labels), (test_images, test_labels) = fashion_mnist.load_data()

#获得图片大小
train_images.shape
#打印图例
import numpy as np
import matplotlib.pyplot as plt
def plotImages(images_arr):
    fig, axes = plt.subplots(1, 5, figsize=(10,10))
    axes = axes.flatten()
    for img, ax in zip( images_arr, axes):
        ax.imshow(img)
        ax.axis('off')
    plt.tight_layout()
    plt.show()
plotImages(train_images[:5])

#归一化
train_images = train_images / 255.0
test_images = test_images / 255.0

#全连接层模型
```

```python
model = tf.keras.Sequential([
    tf.keras.layers.Flatten(input_shape = (28, 28)),
    tf.keras.layers.Dense(128, activation = 'relu', bias = False, trainable = False),
    tf.keras.layers.Dense(10, activation = 'softmax')
])
#模型总结
model.summary()
#编译
model.compile(optimizer = 'adam',
       loss = 'sparse_categorical_crossentropy',      metrics = ['accuracy'])

#训练
model.fit(train_images, train_labels, epochs = 10, validation_data = (test_images, test_labels))
#模型权重
model.variables

#保存权重
model.save_weights('./fashion_mnist/my_checkpoint')

#恢复权重
model.load_weights('./fashion_mnist/my_checkpoint')
# model1.load_weights('./fashion_mnist/my_checkpoint')

#预测
loss,acc = model.evaluate(test_images,  test_labels, verbose = 2)
print("Restored model, accuracy: {:5.2f}%".format(100 * acc))

#保存整个模型
model.save('my_model.h5')
new_model = tf.keras.models.load_model('my_model.h5')
loss, acc = new_model.evaluate(test_images,  test_labels, verbose = 2)
print("Restored model, accuracy: {:5.2f}%".format(100 × acc))

#在文件名中包含 epoch (使用 'str.format')
checkpoint_path = "fashion_mnist_1/cp-{epoch:04d}.ckpt"

#创建一个回调,每个 epoch 保存模型的权重
cp_callback = tf.keras.callbacks.ModelCheckpoint(
    filepath = checkpoint_path,
    save_weights_only = True,
    period = 1)  # save_freq = 'epoch'/n samples 60000 100 600

#使用 checkpoint_path 格式保存权重
model.save_weights(checkpoint_path.format(epoch = 0))
```

```python
# 使用新的回调训练模型
model.fit(train_images,
          train_labels,
          epochs = 5,
          callbacks = [cp_callback],
          validation_data = (test_images,test_labels))
```

第10章 基于深度学习的计算机视觉之目标识别

从本章开始,我们就正式进入基于深度学习的计算机视觉学习了,前面我们讲过计算机视觉的四大任务:目标识别、目标检测、目标跟踪和目标分割。其中最基础的就是目标识别,可以这么说,目标识别问题构成了整个计算机视觉大厦的地基,如果我们不能解决识别问题,就无法建造我们的计算机视觉大厦。这一章我们使用一个新的思路,用一个完整的实战案例来讲解目标识别。

本章实战项目使用"猫狗大战"数据集,通过一整套目标识别的标准流程,使初学者快速而全面地完成。图10-1展示了猫狗大战数据集示例,数据集可以通过下面的网址下载:
https://storage.googleapis.com/mledu-datasets/cats_and_dogs_filtered.zip

图10-1 猫狗大战数据集示例

10.1 目标识别的概念

首先,目标识别非常简单,就是要识别出图片中的物体。那么计算机与人类识别物体有何不同呢?确切地说,计算机进行目标识别,识别的是物体的类别。假设,猫是第一类,狗是第二类,计算机如果识别出图片为猫,则会输出1,之后通过预先标记好的类别,再输出猫。那么从输出分类1到输出猫这个步骤其实是人为加上去的,因为计算机并没有猫的先验知识,它只是把猫的图片分为了一类物体。

其次,计算机输出的是物体类别的概率,例如,第一类的概率为0.9,第二类的概率为0.1,最后取最大概率对应的类别进行输出,这与人识别物体是非常不同的,从这方面可以看出计算机其实是非常严谨的,因为它几乎不会认为某一个类别的概率是100%。

由于计算机对于每一类都输出概率，就出现了一个引申概念：top k 准确率，顾名思义就是将输出概率最大的 k 个类别输出，只要猜对其中的一个，就认为计算机猜对了，这在目标识别的评价中很常见，因为一张图中往往有多个目标，而标签只有一个，所以简单地猜一次定输赢是不合理的，k 的值由类别的数量决定，一般取 5～10。

10.2 构建数据集的方法

接下来我们开始构建数据集，为了使用神经网络进行训练，我们需要做如下几步：

（1）将图片构建成同样的大小，这是由于一般的卷积神经网络需要输入图片的大小固定。

（2）对每张图片构建数据标签，对于猫狗大战，图片猫标记为 0，图片狗标记为 1。

（3）将数据集分为训练集和测试集，一般比例为 4∶1 或 5∶1。为了防止过拟合，我们需要在训练集上训练，之后在测试集测试，当训练集和测试集最终表现差不多时，我们可以认为模型没有过拟合，而最终的结果也需要使用测试集上的准确率。

（4）分批次，对于深度学习，我们一般使用小批次梯度下降法，所以我们需要确定每个批次图片的数量，数量需要根据我们的 CPU 或 GPU 的内存容量来决定，一般取 64 或 128 张图片为一个批次。

（5）随机打乱训练集的图片顺序，为了提升训练效果，每训练完一遍数据集后，我们需要对数据集进行随机打乱图片顺序，确保每个批次输入的图片都是完全随机的，否则很容易陷入局部极值。

【代码 10-1】

```python
# 读取数据并构建数据集
from tensorflow.keras.models import Sequential
from tensorflow.keras.layers import Dense, Conv2D, Flatten, Dropout, MaxPooling2D
from tensorflow.keras.preprocessing.image import ImageDataGenerator
# 数据集地址
_URL = 'https://storage.googleapis.com/mledu-datasets/cats_and_dogs_filtered.zip'
# 解压
path_to_zip = tf.keras.utils.get_file('cats_and_dogs.zip', origin=_URL, extract=True)
PATH = os.path.join(os.path.dirname(path_to_zip), 'cats_and_dogs_filtered')
# 分为训练集和测试集
train_dir = os.path.join(PATH, 'train')
validation_dir = os.path.join(PATH, 'validation')

# 分为猫图片和狗图片
train_cats_dir = os.path.join(train_dir, 'cats')
train_dogs_dir = os.path.join(train_dir, 'dogs')
validation_cats_dir = os.path.join(validation_dir, 'cats') validation_dogs_dir = os.path.join(validation_dir, 'dogs')
```

```python
#批次大小
batch_size = 64
epochs = 20
#图片输入大小为 150 * 150
IMG_HEIGHT = 150
IMG_WIDTH = 150
#从目录生成数据集,shuffle 表示随机打乱数据顺序
train_data_gen = ImageDataGenerator.flow_from_directory(batch_size = batch_size, directory
 = train_dir,shuffle = True,target_size = (IMG_HEIGHT,IMG_WIDTH), class_mode = 'binary')

val_data_gen = ImageDataGenerator.flow_from_directory(batch_size = batch_size,
directory = validation_dir, target_size = (IMG_HEIGHT, IMG_WIDTH), class_mode = 'binary')
```

10.3 搭建神经网络

接下来我们需要根据图片的大小搭建一个合适的神经网络,对于初学者,建议使用 10 层左右的神经网络。一般来说,只对神经网络的第一层和最后一层有输入和输出大小的限制,例如,第一层的输入需要为图片的形状,而最后一层的输出需要为物体类别数量。

在本例中,我们搭建如下的神经网络,如图 10-2 所示。

```
模型:"网络"
_____
层(类型)                    输出形状                参数数量#
=================================================================
2d卷积层(Conv2D)            (无, 150, 150, 32)      896

2d池化层(MaxPooling2D)      (无, 75, 75, 32)        0

2d卷积层_1(Conv2D)          (无, 75, 75, 64)        18496

2d池化层_1(MaxPooling2)     (无, 37, 37, 64)        0

2d卷积层_2(Conv2D)          (无, 37, 37, 64)        36928

2d池化层_2(MaxPooling2)     (无, 18, 18, 64)        0

拉平(Flatten)               (无, 20736)             0

全连接层(Dense)             (无, 256)               5308672

全连接层_1(Dense)           (无, 1)                 257
=================================================================
总参数量: 5, 365, 249
可训练参数量: 5, 365, 249
不可训练参数量: 0
```

图 10-2 神经网络结构及各层参数情况

第一层:3×3 的卷积层,32 个输出通道,输入形状为图片的形状:150×150×3,填充 1 个像素,激活函数为 relu()。

第二层:2×2 的最大池化层。
第三层:3×3 的卷积层,64 个输出通道,填充 1 个像素,激活函数为 relu()。
第四层:2×2 的最大池化层。
第五层:3×3 的卷积层,64 个输出通道,填充 1 个像素,激活函数为 relu()。
第六层:2×2 的最大池化层。
第七层:输出为 256 维的全连接层,激活函数为 relu()。
第八层:输出为 1 维的全连接层,激活函数为 sigmoid()。

这里我们最后一层的输出为一个数字,而我们的分类有两类(猫和狗),这是为什么呢?因为对于二分类问题,图片为猫的概率+图片为狗的概率正好为 1,也就是说我们得到了一个概率值,自然可以得到了另一个概率值,所以就无须画蛇添足,输出两个概率值了。

【代码 10-2】

```
#搭建神经网络
#每一行代表神经网络的一层
model = Sequential([
    Conv2D(32, 3, padding = 'same', activation = 'relu', input_shape = (IMG_HEIGHT, IMG_WIDTH, 3)),
    MaxPooling2D(),
    Conv2D(64, 3, padding = 'same', activation = 'relu'),
    MaxPooling2D(),
    Conv2D(64, 3, padding = 'same', activation = 'relu'),
    MaxPooling2D(),
    Flatten(),
    Dense(256, activation = 'relu'),
    Dense(1, activation = 'sigmoid')
])
```

10.4 训练及效果评估

为了防止可能出现的错误,我们先不要急着在整个数据集上训练,而是先在小规模数据集(例如取 100 张图片)上训练,保证模型可以在小规模数据集上过拟合,进而使用整个数据集。

接下来就可以训练了,我们需要选择优化器,一般来说 Adam 优化器可以解决大部分问题,损失函数我们一般选择交叉熵损失,在本例中我们使用二分类交叉熵。训练过程中我们可以每过一定步数把当前损失和准确率记录下来,以此来判断模型训练的效果。当我们发现损失函数不再下降时应该及时停止训练。

【代码 10-3】

```
#训练
#编译模型,输入优化器、损失函数、训练过程需要保存的特征
model.compile(optimizer = 'adam',
              loss = 'binary_crossentropy',
              metrics = ['accuracy'])
#训练
history = model.fit_generator(
    train_data_gen,
    steps_per_epoch = total_train // batch_size,
    epochs = epochs,
    validation_data = val_data_gen,
    validation_steps = total_val // batch_size
)
```

10.5 解决过拟合

由于本例中数据图片较少,在第一次训练中我们可以明显地看到过拟合现象,如图10-3所示,所以我们需要对其进行解决。第一种方法就是减小模型参数,由于模型参数的个数代表了模型复杂度,所以减小模型参数可以解决过拟合问题。

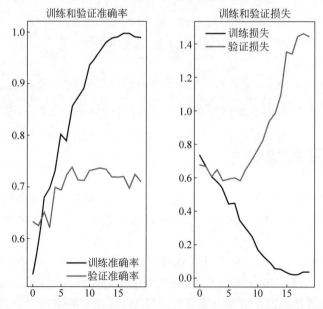

图 10-3 第一次训练结果,左图为准确率,右图为损失函数,两图中深色线为训练集,浅色线为测试集,可以看出,在第 5 轮左右时,已经出现过拟合

【代码 10-4】

```
#使用一个较小的模型
model1 = Sequential([
    Conv2D(32, 3, padding = 'same', activation = 'relu', input_shape = (IMG_HEIGHT, IMG_WIDTH, 3)),
    MaxPooling2D(),
    Conv2D(32, 3, padding = 'same', activation = 'relu'),
    MaxPooling2D(),
    Flatten(),
    Dense(128, activation = 'relu'),
    Dense(1, activation = 'sigmoid')
])
```

第二种方法是增加正则化项，常用的为 l1 和 l2 正则化方法。在神经网络中一般我们使用 l2 正则化方法，我们需要调整权重系数，有一个神奇的值 0.0005，此值可以作为大部分问题的权重系数。

【代码 10-5】

```
#增加 l2 正则化方法
model = Sequential([
    Conv2D(32, 3, padding = 'same', activation = 'relu', input_shape = (IMG_HEIGHT, IMG_WIDTH, 3), kernel_regularizer = tf.keras.regularizers.l2(l = 0.0005)),
    MaxPooling2D(),
    Conv2D(64, 3, padding = 'same', activation = 'relu', kernel_regularizer = tf.keras.regularizers.l2(l = 0.0005)),
    MaxPooling2D(),
    Conv2D(64, 3, padding = 'same', activation = 'relu', kernel_regularizer = tf.keras.regularizers.l2(l = 0.0005)),
    MaxPooling2D(),
    Flatten(),
    Dense(256, activation = 'relu', kernel_regularizer = tf.keras.regularizers.l2(l = 0.0005)),
    Dense(1, activation = 'sigmoid', kernel_regularizer = tf.keras.regularizers.l2(l = 0.0005))
])
```

第三种方法是加入 Dropout 层，Dropout 层的原理在前面已经讲过了，一般来说，Dropout 层的效果比前两个方法都要好一些，我们需要调整删除神经元的概率，一般设为 0.5。

【代码 10-6】

```
#增加 Dropout 层
model = Sequential([
    Conv2D(32, 3, padding = 'same', activation = 'relu', input_shape = (IMG_HEIGHT, IMG_WIDTH, 3)),
MaxPooling2D(),
Dropout(0.5),
    Conv2D(64, 3, padding = 'same', activation = 'relu'),
MaxPooling2D(),
layers.Dropout(0.5),
    Conv2D(64, 3, padding = 'same', activation = 'relu'),
    MaxPooling2D(),
    Flatten(),
Dense(256, activation = 'relu'),
layers.Dropout(0.5),
    Dense(1, activation = 'sigmoid')
])
```

当然，我们可以把前几个方法结合在一起，组成一个最佳的模型，如图 10-4 所示。最后，对于深度学习，还有一个非常重要的超参数，就是学习率。一般来说我们可以从 0.001 开始进行调整，当学习率太高时，我们难以得到高精度的结果；当学习率太小时，训练时间很长。再教大家一个小技巧，当我们使用一个学习率训练到损失函数基本不变后，可以把学习率调到十分之一，这样又能看到一个明显的下调，如图 10-5 所示。

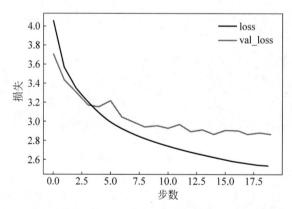

图 10-4　最佳模型训练结果，两图中深色线为训练集损失，浅色线为测试集损失，可以看出过拟合问题得到缓解

【代码 10-7】

```
#调整学习率
#学习率先用 0.001 训练
```

```
model.compile(optimizer = tf.keras.optimizers.Adam(learning_rate = 0.001), loss = 'sparse_
categorical_crossentropy',metrics = ['accuracy'])
#学习率调小到原来的 1/10,即为 0.0001
model.compile(optimizer = tf.keras.optimizers.Adam(learning_rate = 0.0001), loss = 'sparse_
categorical_crossentropy',metrics = ['accuracy'])
```

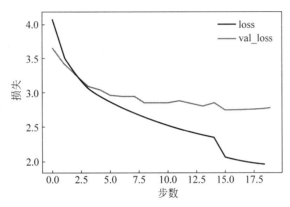

图 10-5　调整学习率训练结果,两图中深色线为训练集损失,浅色线为测试集损失,
在第 15 轮左右调整学习率为原来的 1/10,可以看出损失函数有个明显的下降

10.6　数据增强

如果之前的方法都效果不佳,说明你的数据集确实太少了,这时候需要尝试数据增强。数据增强的思路很简单,就是将一张图片"变成"多张图片。当然这里并非变魔术,而是使用一些基础的变换,如随机翻转,如图 10-6 所示;随机旋转,如图 10-7 所示;随机缩放,如图 10-8 所示。改变色调、对比度,以及随机裁剪,在 OpenCV 中我们也已经讲过类似的方法,在 TensorFlow 中实现起来更加简单。在 TensorFlow 中,数据增强并不是指把随机变换后的图像加入数据集,假设本来每轮训练 2000 张图片,那么现在还是每轮训练 2000 张图片,只不过现在这 2000 张图片每轮都是不同的,因为其经过了随机变换,如图 10-9 所示。

用了数据增强后,可以明显地改善过拟合问题,如图 10-10 所示,但是会使得训练速度变慢,训练过程中损失函数也变得不平滑,这是因为每轮数据都不尽相同。

【代码 10-8】

```
#随机水平翻转
image_gen = ImageDataGenerator(rescale = 1./255, horizontal_flip = True)
#随机竖直翻转
image_gen = ImageDataGenerator(rescale = 1./255, vertical_flip = True)
#随机旋转
image_gen = ImageDataGenerator(rescale = 1./255, rotation_range = 45)
```

```python
# 随机缩放,zoom_range 在 0~1,表示图片缩放比例范围为[1 - zoom_range, 1 + zoom_range]
image_gen = ImageDataGenerator(rescale = 1./255, zoom_range = 0.5)
# 全部应用
image_gen_train = ImageDataGenerator(
                    rescale = 1./255,
                    rotation_range = 45,
                    width_shift_range = .15,
                    height_shift_range = .15,
                    horizontal_flip = True,
                    vertical_flip = True,
                    zoom_range = 0.5
                    )
```

图 10-6　随机翻转示例

图 10-7　随机旋转示例

图 10-8　随机缩放示例

图 10-9　数据增强全部应用示例

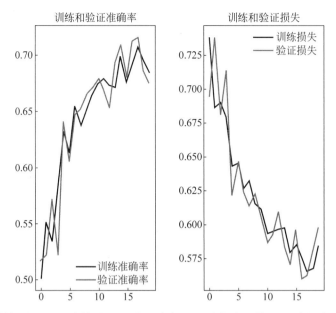

图 10-10　数据增强后训练结果，左图为准确率，右图为损失函数，两图中深色线为训练集，浅色线为测试集，可以看出，过拟合问题已经被解决

10.7　迁移学习

最后再介绍一下迁移学习，什么叫迁移学习呢？就是使用别人已经训练好的模型来训练自己的任务，优点是速度快，效果好。为什么呢？举个例子，我们小时候学知识时一般听老师讲解会比自学要快很多，也更容易理解，这其实就是迁移学习。由于教师已经把重要的部分给我们罗列出来了，我们只需要学习重点即可，速度自然更快。在深度学习中也是一样，别人已经训练好的模型已经把图像上的重要特征提取出来了，接下来只需要将其迁移到自己的数据集上即可。

迁移学习主要有两种方法：第一种叫微调（Fine Tune），顾名思义就是对已经训练好的模型进行细微的调整，一般我们会调整整个模型的最后几层；第二种方法叫作加层，就是在模型最后增加几层，然后对这几层进行训练即可。

首先我们需要选取一个基础模型，一般我们会使用本领域最好的模型，例如图像领域经常使用 resnet，以及 inception 模型。在本例中，我们使用 resnet 50。最后，我们需要查看基础模型的输入和最后一层的输出，需要将输入图片大小改为基础模型所要求的输入大小，最后一层的输出类别数量改为我们任务的输出类别数量，例如本例中，我们将输入图片大小改为 224×224，然后将最后一层改为输出为单个数值的全连接层。

一般来说，加层的方法训练速度更快，效果也更好，如图 10-11 所示，但是需要预训练权重所用的数据集和自己的数据集比较相似，例如手写数字、字母数据集和车牌数据集等。而微调方法就没有那么苛刻,如图10-12所示,但是训练速度和效果也会相应变差,因为需要对较多的参数进行重新训练。

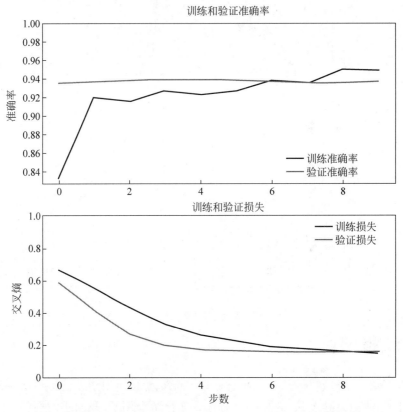

图10-11 迁移学习加层后训练结果,上图为准确率,下图为损失函数,两图中深色线为训练集,浅色线为测试集,可以看出,不但过拟合问题被解决,在前两轮测试集准确率就已经达到最高,速度非常快

【代码10-9】

```
#选择基础模型
base_model = tf.keras.applications.ResNet50(weights = 'imagenet')
base_model.summary()
#将基础模型的参数设置为不可训练
base_model.trainable = False
#加层
prediction_layer1 = tf.keras.layers.Dense(128,activation = 'relu')
prediction_layer2 = tf.keras.layers.Dense(1,activation = 'sigmoid')
model = tf.keras.Sequential([
    base_model,
    prediction_layer1,
```

```
    prediction_layer2
])
#微调
fine_tune_at = 150
for layer in base_model.layers[fine_tune_at:]:
    layer.trainable = True
base_model.summary()
prediction_layer = tf.keras.layers.Dense(1,activation = 'sigmoid')
model = tf.keras.Sequential([
    base_model,
    prediction_layer
])
```

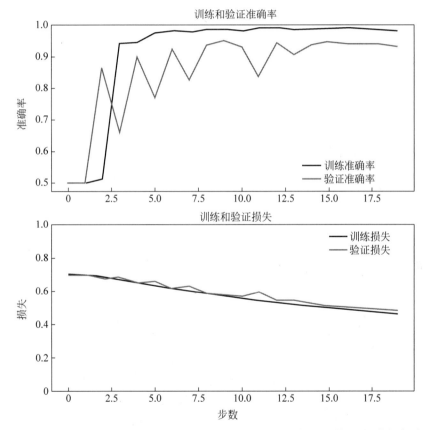

图 10-12 迁移学习微调后训练结果，上图为准确率，下图为损失函数，两图中深色线为训练集，浅色线为测试集，在第五轮左右，训练集准确率达到最高，效果和速度比加层方法略差

第 11 章 基于深度学习的计算机视觉之两阶段目标检测

目标检测作为计算机视觉中承上启下的一步，至关重要，可以说，实现了目标检测就实现了 90% 的计算机视觉基本任务。目标检测既需要对物体进行识别，又要检测出物体的位置，难度较大，网络结构也层出不穷，在深度学习领域，从 R-CNN 到 SPP-NET 再到 YOLO 最后到 SSD，可以说是百家争鸣，各有千秋。

另一方面，目标检测应用非常广泛，例如生活中常见的人脸检测、车牌识别等；在自动驾驶领域，有行人识别、车道线识别；还有智能视频监控、机器人导航、飞机航拍等多种多样的应用。

目标检测可以分解为两个步骤，第一个步骤是寻找物体框的位置，有传统的选择搜索算法，也有基于深度学习的方法；第二个步骤就是对物体框的类别进行判别。所以，目标检测算法也分为一阶段算法和二阶段算法两种。如果将两个步骤分两个网络训练，则称其为二阶段算法，反之，如果将两个步骤合并用一个网络训练，则称其为一阶段算法。本章我们会详细介绍两阶段目标检测算法，如图 11-1 所示，第 12 章继续介绍一阶段目标检测算法。

图 11-1　目标检测示例图

注：图来自 https://www.bilibili.com/tag/3393109/? pagetype=tagpage。

11.1 什么是目标检测

对于目标检测,不但要识别出物体的位置,还要检测出物体的类别。一般来说,我们用一个矩形框来外接一个物体,如图 11-2 所示,我们要做的就是检测出这个矩形框(也叫作groudtruth)的位置参数,例如中心坐标 (x,y),矩形框的宽 w 和矩形框的高 h 等。

图 11-2　目标检测物体框示例图,三个物体框类别分别为狗、自行车、小轿车

11.2 目标检测的难点

对于识别物体来说,难度不大,在目标识别方面,卷积神经网络的正确率已经超过人类的识别水准,但是想要精确地定位物体,却是非常困难的,试想在一张照片上有一张人脸,我们可以很容易判断其是人脸,但是如果我要读者告诉我人脸的位置在哪?是不是觉得很难描述,一般我们会说,在照片中间或者在左上角、右下角等,其实这些描述都不十分准确,换句话说,即使人想要准确定位物体在图像中的位置也是非常困难的。对于计算机来说,也是如此。

更难的是,一张图片中往往有多个物体,特别是小物体,在做目标识别的时候,我们对一张图片只需要输出一个物体,而对于检测问题,需要输出多个物体,难度也急剧增大。

最后,网络速度和准确率很难兼顾,一般来说,速度较快的网络,也就是每秒能处理的图片较多,效果就会较差,这是由于速度快的网络会降低物体位置的精度,同时也会减少候选框的数量。

11.3 目标检测的基础知识

接下来让我们先学习一下目标检测的一些基础知识。

11.3.1 候选框

首先,第一个也是最重要的概念:候选框。什么是候选框呢?顾名思义,就是有可能存在物体的框,对于同一个物体,我们可以有很多不同的候选框,一般来说,一个物体有5~9个候选框是比较常见的。对于二阶段目标检测算法,一般候选框生成算法会生成几千个候选框,如图11-3所示,其中真正有物体的候选框可能只有不到100个甚至更少,而真实有效的物体框可能只有几个。

图 11-3　目标检测候选框示例图,仅仅三个物体就能形成几百上千个候选框

11.3.2 交并比

既然我们有这么多候选框,那么如何判断一个候选框的好坏呢?很明显,与真实物体框越接近,候选框就越好。我们一般用交并比(IOU)来表示候选框的好坏,计算方式见式(11-1):

$$\text{IOU} = \frac{(\text{物体框} \cap \text{候选框})\text{的面积}}{(\text{物体框} \cup \text{候选框})\text{的面积}} \tag{11-1}$$

为什么我们不直接用物体框和候选框的交集的面积呢?这是因为,对于覆盖整个物体框的候选框,物体框和候选框的交集的面积都为物体框的面积,从而不能区分优劣。同理,也不能直接使用物体框和候选框的并集的面积,否则无法区分小于物体框的候选框的优劣,而同时考虑两者,就能得到比较好的标准。图11-4展示了交并比计算示意图。

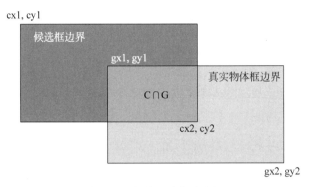

图 11-4　交并比计算示意图

11.3.3　非极大值抑制

最后介绍一个概念：非极大值抑制（NMS）。我们要对谁抑制，当然是对候选框抑制。所以，非极大值抑制的目的就是将不是极大值的候选框去掉。什么不是极大值？很简单，交并比不是极大值。举个例子，对于同一个物体，模型检测出三个候选框，交并比分别为 0.9、0.8、0.7，那么我们只保留交并比为 0.9 的那个框，而忽略其余两个。

但是，我们的图像中有多个物体，如果只是简单地保留交并比最高的候选框，会把一些难以检测的物体删除，例如第一个物体被检测出三个候选框，交并比分别为 0.9、0.8、0.7；第二个物体被检测出两个候选框，交并比分别为 0.7、0.6，此时，如果选交并比最高的两个框，那么这两个框都是检测第一个物体的，而将第二个物体忽略了。因此，怎样才能保留这些比较难检测的物体框呢？非常简单，我们要做的其实就是判断检测框是否检测的是同一个物体，如果检测框检测的是同一个物体，检测框互相之间也必然很接近，互相之间的交并比也会很大，所以我们会设置一个阈值（一般为 0.3~0.5），当两个候选框的 IOU 值大于阈值时，认为它们属于同一个物体，对它们进行非极大值抑制即可。图 11-5 展示了非极大值抑制示意图。

图 11-5　非极大值抑制示意图，左边为初始检测结果，右边为非极大值抑制后结果

具体算法流程:
(1) 在候选框列表中选出 IOU 最大的候选框 1;
(2) 将其余候选框与候选框 1 计算 IOU′;
(3) 如果 IOU′>阈值,则将次候选框删除;
(4) 将候选框 1 输出,然后从候选框列表中删除;
(5) 重复流程(1)~(4)。

11.3.4 传统目标检测基本流程

正所谓知己知彼,百战不殆,接下来我们先来看一看传统目标检测的基本流程和方法,然后再用深度学习方法进行对比。

第一步相信大家已经猜到了,没错,就是提取候选框,由于物体可能存在于图片中的各个位置,物体的大小也各不相同,所以我们的候选框也需要各不相同。所以,最初采用滑动窗口的策略,使用一个窗口在整幅图上进行滑动,每次滑动就生成一个候选框,而且对滑动窗口设置不同的尺寸。这种暴力的策略虽然包含了目标所有可能出现的位置,但是由于产生冗余窗口太多,导致时间复杂度太高。

第二步就是提取特征,前几章中已经介绍过,常用 SIFT、SURF、HOG 等特征检测算法。

第三步就是训练分类器,主要有 SVM、Adaboost 等常用的分类器,对提取到的特征进行分类,从而识别物体。

最后一步就是应用我们在 11.3.3 节讲的非极大值抑制,将同一个物体多余的候选框删除。

11.4 目标检测效果评估

如何评价一个目标检测算法的准确率呢?我们先简单地考虑一下,首先,它要准确地识别物体的分类和位置;其次,它要尽量将图像中所有的物体都识别出来;最后,它的速度要够快。

首先我们来看一看一个基本的二分类器是如何表示准确率的,如表 11-1 所示,对于一个二分类器,我们会设定一个阈值,当模型输出值大于阈值时,我们称模型预测为正样本,反之,为负样本。然后,我们可以根据标签为 1 或 0,以及预测为 1 或 0 分为 4 类(或者存在物体与否,以及预测存在物体与否)。

表 11-1 二分类问题

标签	预测为1(预测有物体)	预测为0(预测无物体)
1(存在物体)	真正(TP)	假负(FN)
0(不存在物体)	假正(FP)	真负(TN)

虽然看上去很复杂，但是这张表很好记，如果标签和预测一致，就称之为真，预测为正样本时，叫真正，标签为负样本时，叫真负；如果标签和预测不一致，就称之为假，预测为正样本时，叫假正，预测为负样本时，叫假负。

对于评估检测准确率，我们使用准确率和精准率，计算公式分别为式(11-2)和式(11-3)；对于评估模型是否将图像中所有的物体都识别出来，我们称之为召回率，计算公式为式(11-4)。

$$准确率 = \frac{TP+TN}{TP+FN+TN+FP} \tag{11-2}$$

$$精准率 = \frac{TP}{TP+FP} \tag{11-3}$$

$$召回率 = \frac{TP}{TP+FN} \tag{11-4}$$

从式(11-2)~式(11-4)可以看出，准确率表示所有预测准确的样本比例，而精准率表示预测为正样本的预测准确的样本比例。为什么会只看正样本呢？在目标检测中，正样本表示有物体的候选框，负样本表示背景框，显然，没有人会在意背景预测的准确率，所以在目标检测中，我们一般只看和正样本密切相关的精准率和召回率。

当我们的二分类器设定的阈值发生变化时，准确率和召回率也会跟着变化。举个例子，当我们选择的 IOU 阈值从 0.8 变化到 0.9 时，预测为正样本的样本减少，从而准确率就会提高，而召回率就会降低。所以我们不能简单地用单一的召回率或准确率来评价整个模型，而需要考虑在不同召回率阈值下模型的效果。

那么有什么办法检测在不同召回率阈值下模型的效果呢？很简单，我们将在不同召回率阈值下模型能达到的最大精准率看成一个点，然后将这些点连接起来，我们称之为 Precision-Recall 曲线，如图 11-6 所示。显然，曲线下方的面积越大，模型的效果越好，于是我们将此面积作为二分类器的评价标准，称为平均精度(AP)。需要注意的是，PR 曲线和我们常用的另一个概念 ROC 曲线是不同的，ROC 曲线显示的是真正率和假正率的关系，而 PR 曲线显示的是精确率与召回率的关系，PR 曲线更适合评估目标检测这类样本不平衡的问题。

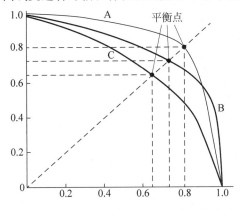

图 11-6　Precision-Recall 曲线示意图，横坐标为召回率，纵坐标为准确率，曲线上每个点为在一个阈值下模型的召回率和准确率

由于样本限制,召回率可取值往往不是连续的,例如一共十个正样本,那么召回率就只有0、0.1、0.2、……、1.0,这几个值可以取,所以在实际计算中,我们将PR曲线的面积分成很多个矩形,一般用11点算法,如图11-7所示,即召回率取0、0.1、0.2、……、1.0,然后将各个点对应的最大精确率相加然后平均,得到平均精度。各个点对应的最大精确率如何得到呢?很简单,在此点右边曲线能取到的最大精确率即为该点对应的最大精确率。

那么对于目标检测这种多分类问题,我们如何评价模型呢?很简单,我们可以将其看成很多二分类器的叠加,其中每个物体分类就是一个二分类器,我们先算出每个物体分类的平均精度,之后再对所有的分类取平均(或加权平均),即可得到平均精度均值(mAP),这也是我们最常用的目标检测类问题的评价指标。

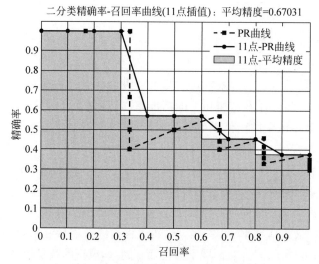

图 11-7　平均精度 11 点算法,图中深色线为真实 PR 曲线,浅色线为 11 点 PR 曲线,深色面积为平均精度 11 点算法

对于模型速度的评价就要简单许多,一般用处理一张图片要多少时间,或者说单位时间能处理多少图片,学名叫作帧/秒(fps)。表 11-2 展示了常用目标检测框架的效果,可以看出 YOLO 网络在准确率和速度方面均领先其他网络。

表 11-2　常用目标检测框架的效果

框架名称	mAP(VOC2007 数据集)	速度/(帧/秒)	速率/(秒/帧)
DPMv5	33.7	0.07	14
R-CNN	66.0	0	20
Fast R-CNN	70.0	0.5	2
Faster R-CNN	73.2	7	0.14
YOLO	63.4	45	0.022
YOLOv2	78.6	40	0.025
SSD	76.8	19	0.053

11.5 二阶段算法：R-CNN 类网络

作为基于深度学习的目标检测算法的开山之作，R-CNN 由 Ross Girshick 在 2014 年首次发表，论文全名为 *Rich feature hierarchies for accurate object detection and semantic segmentation*。在 VOC2012 数据集上，平均精度均值（mAP）较之前最好的模型提升 30%，从此，目标检测也正式进入深度学习时代。

11.5.1 R-CNN 网络

为什么 R-CNN 网络效果如此之好呢？下面就让我们来一睹其芳容，图 11-8 展示了 R-CNN 网络的整体流程。

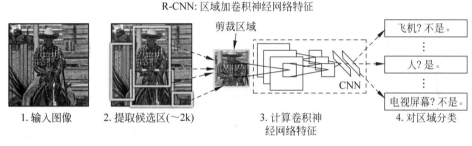

图 11-8　R-CNN 目标检测流程图

和传统方法类似，R-CNN 网络还是分两步解决目标检测问题，第一步先做候选框提取（约 2000 个），然后将每个候选框中的图片输入同一个卷积神经网络进行特征提取，最终训练分类器识别物体，所以也叫作两阶段算法。表 11-3 展示了传统方法与 R-CNN 方法的对比。

表 11-3　传统方法与 R-CNN 方法对比

方法	定位	特征提取	分类
传统方法	约束参数最小切割、滑动窗口等	HOG、SIFT、LBP、BoW、DPM 等	SVM、逻辑回归等
R-CNN	选择搜索	深度学习 CNN	二元线性 SVM

首先，候选框提取使用一种改进算法：选择性搜索，其根本思想是一个物体上的像素互相之间比较相似，所以可以把相似的像素合成一个物体。具体步骤为：首先将图像分成很多个小块，然后计算每两个相邻的区域的相似度，然后每次合并最相似的两块，直到最终只剩下一块完整的图片，这其中每次产生的图像块我们都保存下来作为候选框，此种方法比暴力窗口滑动方法速度更快，并且准确率更高。

接下来，提取特征的卷积神经网络用 AlexNet 网络结构，具体结构在前面的章节已经介绍过了,输入图像尺寸统一为 227×227,输出特征尺寸为 2000×4096,选取 2000 个候选框,每个框输出 4096 个分类概率。

最后,训练线性 SVM,权重矩阵尺寸为 $4096×N$,输出维度 N 为物体的类别。图 11-9 展示了 R-CNN 训练时正、负样本示例。图 11-10 展示了 R-CNN 目标检测结果示例。

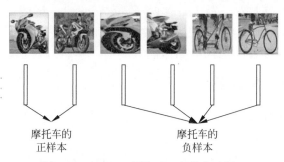

图 11-9　R-CNN 训练时正负样本示例

图 11-10　R-CNN 目标检测结果示例

整个训练过程如下:

(1) 对于训练数据集中的图像,采用选择搜索方式来获取候选框,每个图像得到 2000 多个候选框。

(2) 准备正负样本。首先真实物体框为正样本,但是由于真实物体框很少(一般一张图只有几个),从而会导致样本不平衡,所以还需要加入更多的正样本。如果某个候选框和当前图像上的某个物体框的 IOU 大于或等于 0.5,则该候选框作为这个物体类别的正样本,否则作为负样本。需要注意的是,总共有 $N+1$ 个类别,包括 N 个物体类别和 1 个背景类别。

（3）对卷积神经网络进行预训练，由于标注的检测数据较少，所以采取迁移学习的方式，先利用 ImageNet 的数据集对网络进行预训练。

（4）微调模型，首先将候选框选出的图像大小统一为 227×227（这是因为卷积神经网络有全连接层，需要输入图像的大小固定），然后在目标检测数据集（VOC 和 ILSVRC2013）进行训练，学习率调整为预训练的 1/10。每个批次中有 32 个正样本和 96 个负样本。

（5）存储第 5 层池化后的所有特征，并保存到磁盘，数据量大约有 20GB。

（6）训练 SVM 分类器，正样本为物体框，对于负样本，我们需要重新选择 IOU 的阈值，论文中使用网格搜索法，当得出 IOU 的阈值为 0.3 时，准确率最高，比 IOU 的阈值为 0.5 的准确率高出 5%。

（7）在测试的时候，我们还需要使用非极大值抑制去除重复的候选框。

11.5.2 Fast R-CNN 网络

从 11.5.1 节中我们可以看到，R-CNN 需要存储第 5 层池化后的所有特征，数据量大约 20GB，导致 R-CNN 的训练和测试速度非常慢，训练需要 84h，而测试一张图片需要 20s，这是我们不能忍受的，试想，在高速公路上，一辆车超速了，通过摄像探头的时间往往只有 1s 不到，而 20s 的时间，黄花菜都凉了。那么我们如何改进呢？

首先，R-CNN 中重复计算了大量特征，举个例子，假设有一个在图片左上角 2×2 的候选框和一个左上角 4×4 的候选框，在 R-CNN 中，我们需要将它们俩都输入 CNN 网络，但是在计算 4×4 的候选框的特征时，显然已经计算了 2×2 的候选框的特征（正好为 4×4 的左上角部分），这就是重复计算，由于选择算法选取的候选框有大量重叠，就产生了大量重复计算。解决方法很简单，我们输入一整张图片，对于不同的候选框，在末尾层才加入候选框位置的信息（或者说在末尾特征图上进行候选框选取）。例如前面说的左上角 2×2 的候选框和左上角 4×4 的候选框，在经过多层特征提取后，在最后一层特征图分别选择左上角 2×2 的区域和左上角 4×4 的区域对应两个候选框。

相信读者应该发现了一个问题，此时由于候选框大小不同，最后选取的特征图的大小也不同，那么如何经过输入大小确定的全连接层训练呢？这里用到了 ROI 池化层方法，对于 ROI 池化，无论输入图像大小为多少，输出图像的大小都一样。做法很简单，假设输入图像大小为 $h\times w$，输出图像大小固定为 $H\times W$，只需将输入图像分割为 $H\times W$ 份，每一份大小为 $h/H \times w/W$，然后对每一份进行最大池化（或者平均池化），这样输出的图像大小就为 $H\times W$。举个例子，输出图像大小固定为 2×2，当输入图像大小为 2×2 时，不做任何操作，当输入图像大小为 4×4 时，将其平均分割为 4 份，对每一份进行最大池化，则输出为 2×2，以此类推。

其次，SVM 训练器有些多余了，我们知道神经网络已经可以进行物体分类，所以我们将 SVM 训练器改为 Softmax 激活函数，直接输出每一类的概率，从而提高训练速度。

然后，训练时，R-CNN 的每个批次使用完全随机的 128 个 ROI，导致 ROI 往往来自不同的图片，计算时最多需要计算 128 个图片的特征，所以速度非常慢，而在 Fast R-CNN 中，每个训练批次选用两张图片中的 128 个 ROI 进行训练，只需要计算两张图片的特征，大大减少了计算量,从而提高了训练速度。

最后,修正损失函数,将分类损失和位置损失加总,并用一个参数控制两者的平衡,其中分类损失使用交叉熵损失,而位置损失使用光滑 L1 损失,如图 11-11 所示。

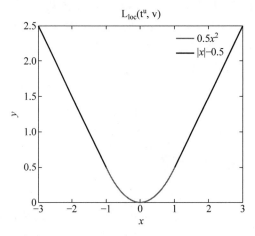

图 11-11　光滑 L1 损失

在加入了这些改进之后,Fast R-CNN 的训练速度和测试速度就比之前提高了 10 倍,现在测试一张图片只需要不到 2s,而且准确率也有所提升。

下面再详细看一下训练过程,如图 11-12 所示,步骤如下:

(1) 和 R-CNN 类似,先进行候选框搜索,每张图像大约选取 2000 个候选框。

(2) 训练卷积神经网络,网络结构和之前类似,在最后的特征图中选择候选框对应的位置。

(3) 将特征图中选择的候选框输入 ROI 池化层,再经过全连接层后输出物体类别和位置回归参数,每个训练批次选择两张图片,每张图片选择 64 个候选框,其中 25% 有物体 (IOU>0.5),其余为背景。数据增强使用了水平翻转。在测试的时候每张图像大约选取 2000 个候选框。损失函数将类别损失与位置损失相加,类别损失使用交叉熵损失,位置损失则使用平滑 l1 损失。

(4) 做非极大值抑制。

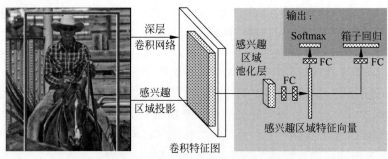

图 11-12　Fast R-CNN 目标检测流程图

11.5.3 Faster R-CNN 网络

在 R-CNN 和 Fast R-CNN 之后,Ross B. Girshick 在 2016 年提出了新的 Faster R-CNN,主要优化还是在速度上。大家先思考一下,在 Fast R-CNN 中,还有哪里可以优化的呢?是不是生成候选框的方法还是使用传统方法?那么候选框的生成为什么不能也使用深度学习方法呢?于是,在 Faster R-CNN,作者将特征提取、候选框生成、位置回归统一在一个神经网络中运行,如图 11-13 所示。

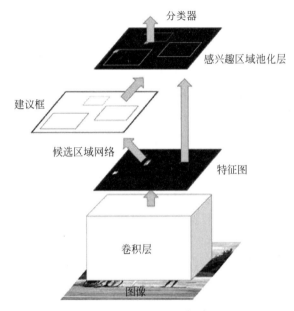

图 11-13　Faster R-CNN 目标检测流程图

在 Faster R-CNN 中,候选框生成部分叫作 Region Proposal Networks(RPN),详见图 11-14,那么问题来了,这个网络的目标是什么呢?

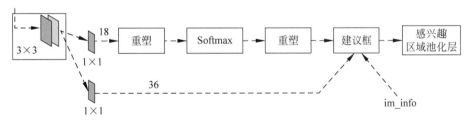

图 11-14　RPN 网络结构图

要弄懂这个问题,首先我们要介绍一个新的概念:anchors,中文叫作预定义边框,顾名思义,是一组预设的边框,在训练时,以真实的边框相对于预设边框的偏移来生成标签。它和我们前面的传统算法生成的候选框有何不同呢?很简单,传统算法的候选框大小并非固定的，而是根据图像的内容大小进行改变，而 anchors 的大小都是确定不变的，它们不随着图像的大小而改变。但是 anchor 的大小确定不变，如何应对实际中复杂多变的情况呢？不用担心，在后面的位置回归网络中，会对 anchors 的大小和位置进行修正。

anchor 的大小如何定义呢？一般我们使用长宽比和尺度因子，例如长宽比为 r，尺度因子为 s，矩形基本面积为 s_0，则 anchor 的长 h、宽 w 可以通过式(11-5)～式(11-7)得到：

$$h/s \cdot w/s = s_0 \qquad (11\text{-}5)$$

$$\frac{h}{w} = r \qquad (11\text{-}6)$$

$$h = s\sqrt{s_0 r}, \quad w = s\sqrt{s_0/r} \qquad (11\text{-}7)$$

在 Faster R-CNN 中，anchor 的长宽比使用了三个值，分别为 1、2、0.5，尺度因子也使用了三个值，分别为 8、16、32，矩形基本面积为($16×16=$)256，所以两两组合得到 9 个大小不同的 anchor，其中面积比较大的就是 $512×512$ 和 $724×362$，比较小的就是 $128×128$ 和 $181×91$。相较于原图大小($800×600$)，涵盖了大部分可能的情况。

anchor 的中心如何定义呢？在最后一张特征图上，每个像素对应原图的位置，就是 9 个大小不一的 anchor 的中心。所以在 Faster R-CNN 中，anchor 的总数量为($800/16×600/16×9=$)17100 个，比起传统方法得到的 2000 个候选框要多得多，但是由于这里的预设框都是固定的，不需要任何计算，所以速度反而更快。

回到前面的问题，RPN 网络的目标是什么呢？从图 11-15 中我们可以看到，RPN 网络分为两条线，上面那条回归的目标其实就是确定每个 anchor 中是否有物体，换句话说，是一个简单的二分类问题；下面那条线负责计算 anchor 的偏移量；最后的 Proposal 层，则负责综合有物体的 anchor 和其对应的偏移量，同时剔除太小和超出边界的候选框，从而得到较精确的候选框。

最后介绍整个训练过程：

(1) 将图片统一调整为 $800×600$，这是由于现在我们 anchor 的大小位置固定，对于不同大小的图片稳健性变低。

(2) 通过预训练的卷积神经网络提取特征，CNN 网络使用 VGG16 网络结构。

(3) 通过 RPN 网络得到候选框，训练 RPN 网络时，不用训练所有的 anchor，而是随机选择 128 个正例和 128 个负例，IOU>0.7 的 anchor 为正例，IOU<0.3 的 anchor 为负例，其余不进行训练。

(4) 通过 Proposal 层，得到较精确的候选框，数量由 17100 下降到 300 左右，正样本比例约为 0.25。

(5) 从特征图上经过候选框裁剪，输入 ROI 池化层。

(6) 通过全连接层进行物体分类和位置回归。

(7) 最后当然还是进行非极大值抑制。

最终，Faster R-CNN 比 Fast R-CNN 测试速度又增加了 10 倍，准确率又有所增加，此为二阶段目标检测模型的巅峰。

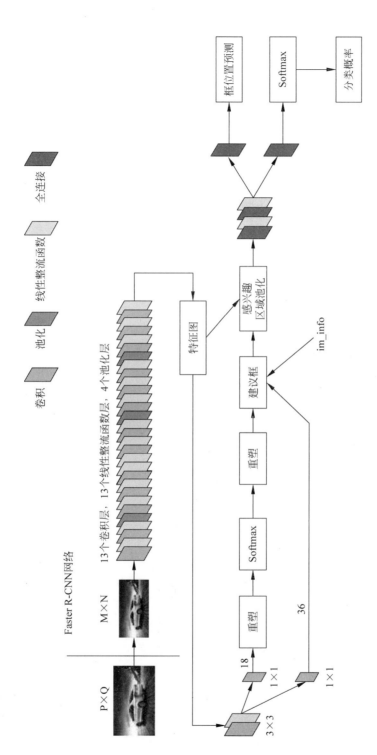

图 11-15 Faster R-CNN 网络训练流程图

11.6 代码实战

由于 Faster R-CNN 代码非常复杂,本节我们详细解析其代码(代码来源:https://github.com/dragen1860/TensorFlow-2.x-Tutorials/tree/master/16-fasterRCNN)。

首先我们看一下整体流程,如图 11-16 所示,图像输入网络后,经过 VGG 网络提取特征,然后特征图分成两路,第一路进入 RPN 网络,生成候选框(ROI),与生成的锚点框进行 RPN 损失计算,对生成的锚点框进行调整,然后经过 Proposal 层,综合有物体的 anchor 和其对应的偏移量,同时剔除太小和超出边界的候选框,从而得到较精确的候选框;另一路从特征图中截取候选框后,进入 ROI 池化层,然后经过全连接层,最后计算整个网络的损失。

所以我们着重讲解:RPN 网络(包括锚点框生成函数、Proposal 层和 RPN 损失函数)、ROI 池化层。

【代码 11-1】

```python
from detection.utils.misc import calc_img_shape, calc_batch_padded_shape
# anchor 生成函数,用于生成图片上所有的锚点框
class AnchorGenerator:
    # anchor 的尺度默认使用5个,分别为 32、64、128、256、512,长宽比默认使用三个,分别为 0.5、1、2,
    # 每层特征图总锚点框数量为(图片长/池化比例)×(图片宽/池化比例)×尺度数量×长宽比数量
    def __init__(self,
                 scales=(32, 64, 128, 256, 512),
                 ratios=(0.5, 1, 2),
                 feature_strides=(4, 8, 16, 32, 64)):
        self.scales = scales
        self.ratios = ratios
        self.feature_strides = feature_strides
    # 生成 anchor
    def generate_pyramid_anchors(self, img_metas):
        pad_shape = calc_batch_padded_shape(img_metas)         # [1216,1216]
    # 每层特征图大小:[(304, 304), (152, 152), (76, 76), (38, 38), (19, 19)]
        feature_shapes = [(pad_shape[0] // stride, pad_shape[1] // stride) for stride in self.feature_strides]
    # 计算每层特征图的锚点框位置,输出张量大小为[锚点框数量×4],4 表示每个锚点框4个值:x, y,
    # w, h
        anchors = [
            self._generate_level_anchors(level, feature_shape)
            for level, feature_shape in enumerate(feature_shapes)
        ]
    # 将每层特征图的锚点框叠加在一起
        anchors = tf.concat(anchors, axis=0)
    # 生成有效标记,只计算在图像范围内的锚点框,超出范围标记为无效
        img_shapes = calc_img_shapes(img_metas)                # (batch_size, height, width)
        valid_flags = [
```

```python
            self._generate_valid_flags(anchors, img_shapes[i])
            for i in range(img_shapes.shape[0])
        ]
        valid_flags = tf.stack(valid_flags, axis = 0)
        # 无效的锚点框不进行梯度更新
        anchors = tf.stop_gradient(anchors)
        valid_flags = tf.stop_gradient(valid_flags)

        return anchors, valid_flags
    # 生成有效标记函数
    def _generate_valid_flags(self, anchors, img_shape):
        # 计算锚点框中心
        y_center = (anchors[:, 2] + anchors[:, 0]) / 2
        x_center = (anchors[:, 3] + anchors[:, 1]) / 2

        valid_flags = tf.ones(anchors.shape[0], dtype = tf.int32)
        zeros = tf.zeros(anchors.shape[0], dtype = tf.int32)
        # 中心位置在图像内为有效锚点框
        valid_flags = tf.where(y_center <= img_shape[0], valid_flags, zeros)
        valid_flags = tf.where(x_center <= img_shape[1], valid_flags, zeros)

        return valid_flags
    # 生成每一层特征图的锚点框函数
    def _generate_level_anchors(self, level, feature_shape):
        # 得到每一层特征图的参数
        scale = self.scales[level]
        ratios = self.ratios
        feature_stride = self.feature_strides[level]

        # 得到不同参数的所有组合
        scales, ratios = tf.meshgrid([float(scale)], ratios)
        scales = tf.reshape(scales, [-1])
        ratios = tf.reshape(ratios, [-1])
        # 锚点框的长度和宽度
        heights = scales / tf.sqrt(ratios)
        widths = scales * tf.sqrt(ratios)
    # 锚点框中心偏移
        shifts_y = tf.multiply(tf.range(feature_shape[0]), feature_stride)
        shifts_x = tf.multiply(tf.range(feature_shape[1]), feature_stride)
        shifts_x, shifts_y = tf.cast(shifts_x, tf.float32), tf.cast(shifts_y, tf.float32)
        shifts_x, shifts_y = tf.meshgrid(shifts_x, shifts_y)

        box_widths, box_centers_x = tf.meshgrid(widths, shifts_x)
        box_heights, box_centers_y = tf.meshgrid(heights, shifts_y)
        box_centers = tf.reshape(tf.stack([box_centers_y, box_centers_x], axis = 2), (-1, 2))
        box_sizes = tf.reshape(tf.stack([box_heights, box_widths], axis = 2), (-1, 2))
    # 生成所有锚点框
        boxes = tf.concat([box_centers - 0.5 * box_sizes,
                           box_centers + 0.5 * box_sizes], axis = 1)
        return boxes
```

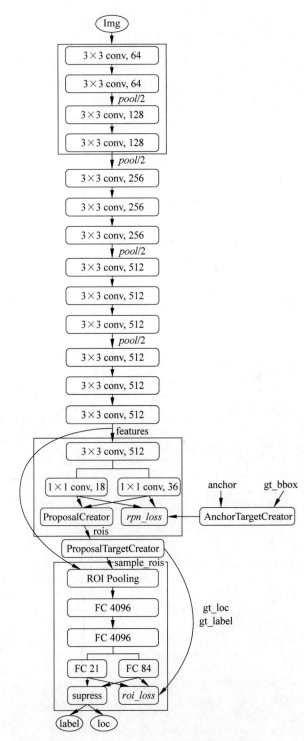

图 11-16 Faster R-CNN 网络训练流程图

一般来说,我们只在最后一层特征图中生成锚点框,所以总锚点数量约为 17 100 个,当然这么多锚点,并不是全部都被使用,会删去超出边界的,以及 IOU 不高的那些锚点。图 11-17 展示了单个像素生成的 9 个锚点框,图 11-18 展示了所有生成的锚点框。

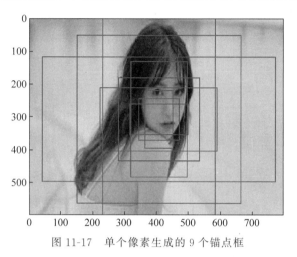

图 11-17　单个像素生成的 9 个锚点框

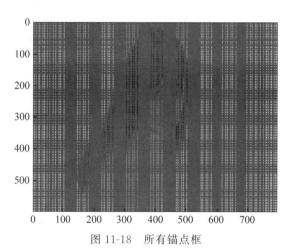

图 11-18　所有锚点框

【代码 11-2】

```
from detection.core.bbox import geometry,transform
from detection.utils、misc import trim_zeros
# anchor target 函数,使得每个 anchor 对应一个目标,从而训练 RPN 网络
class AnchorTarget:
    # 参数设置,默认正样本的 IOU 大于 0.7,负样本的 IOU 小于 0.3,正样本比例为 0.5
    def __init__(self,
            target_means = (0., 0., 0., 0.),
            target_stds = (0.1, 0.1, 0.2, 0.2),
```

```python
                    num_rpn_deltas = 256,
                    positive_fraction = 0.5,
                    pos_iou_thr = 0.7,
                    neg_iou_thr = 0.3):

        self.target_means = target_means
        self.target_stds = target_stds
        self.num_rpn_deltas = num_rpn_deltas
        self.positive_fraction = positive_fraction
        self.pos_iou_thr = pos_iou_thr
        self.neg_iou_thr = neg_iou_thr
    # 生成目标,将锚点框向真实物体框调整
    def build_targets(self, anchors, valid_flags, gt_boxes, gt_class_ids):

        rpn_target_matchs = []
        rpn_target_deltas = []
        # 图像数量
        num_imgs = gt_class_ids.shape[0]
        for i in range(num_imgs):
            target_match, target_delta = self._build_single_target(
            anchors, valid_flags[i], gt_boxes[i], gt_class_ids[i])
            rpn_target_matchs.append(target_match)
            rpn_target_deltas.append(target_delta)

        rpn_target_matchs = tf.stack(rpn_target_matchs)
        rpn_target_deltas = tf.stack(rpn_target_deltas)

        rpn_target_matchs = tf.stop_gradient(rpn_target_matchs)
        rpn_target_deltas = tf.stop_gradient(rpn_target_deltas)

        return rpn_target_matchs, rpn_target_deltas
# 单个锚点框生成目标
    def _build_single_target(self, anchors, valid_flags, gt_boxes, gt_class_ids):
        # 计算锚点框与真实物体框的 IOU
        overlaps = geometry.compute_overlaps(anchors, gt_boxes)
# 计算锚点框类别,如果锚点框与某个真实物体框的 IOU>=0.7,则为此物体分类的正样本;
# 如果锚点框与所有真实物体框的 IOU<=0.3,则为负样本,其余情况舍去
        neg_values = tf.constant([0, -1])
        pos_values = tf.constant([0, 1])

        # 负样本
        anchor_iou_argmax = tf.argmax(overlaps, axis = 1)
        anchor_iou_max = tf.reduce_max(overlaps, axis = [1])
        target_matchs = tf.where(anchor_iou_max < self.neg_iou_thr, -tf.ones(anchors.shape[0], dtype = tf.int32), target_matchs)
        # 无效样本
        target_matchs = tf.where(tf.equal(valid_flags, 1), target_matchs, tf.zeros(anchors.shape[0], dtype = tf.int32))
```

```python
        # 正样本
        target_matchs = tf.where(anchor_iou_max >= self.pos_iou_thr, tf.ones(anchors.shape[0], dtype=tf.int32), target_matchs)
        # 每个真实物体框对应一个 IOU 最大的锚点框
        gt_iou_argmax = tf.argmax(overlaps, axis=0)
        target_matchs = tf.compat.v1.scatter_update(tf.Variable(target_matchs), gt_iou_argmax, 1)
        
        # 样本均衡处理,使正样本数量小于一半
        ids = tf.where(tf.equal(target_matchs, 1))
        ids = tf.squeeze(ids, 1)
        extra = ids.shape.as_list()[0] - int(self.num_rpn_deltas * self.positive_fraction)
        # 多余正样本设置为无效样本
        if extra > 0:
            ids = tf.random.shuffle(ids)[:extra]
            target_matchs = tf.compat.v1.scatter_update(target_matchs, ids, 0)
        # 负样本同样处理
        ids = tf.where(tf.equal(target_matchs, -1))
        ids = tf.squeeze(ids, 1)
        extra = ids.shape.as_list()[0] - (self.num_rpn_deltas - tf.reduce_sum(tf.cast(tf.equal(target_matchs, 1), tf.int32)))
        # 多余负样本设置为无效样本
        if extra > 0:
            ids = tf.random.shuffle(ids)[:extra]
            target_matchs = tf.compat.v1.scatter_update(target_matchs, ids, 0)
        
        # 对正样本计算所需偏移量
        ids = tf.where(tf.equal(target_matchs, 1))
        a = tf.gather_nd(anchors, ids)
        anchor_idx = tf.gather_nd(anchor_iou_argmax, ids)
        gt = tf.gather(gt_boxes, anchor_idx)    # 输出[15,(dy,dx,logw,logh)]
        target_deltas = transforms.bbox2delta(a, gt, self.target_means, self.target_stds)
        padding = tf.maximum(self.num_rpn_deltas - tf.shape(target_deltas)[0], 0)
        target_deltas = tf.pad(target_deltas, [(0, padding), (0, 0)])
        
        return target_matchs, target_deltas
```

【代码 11-3】

```python
# RPN 损失函数
# RPN 分类损失,每个 ROI 输出两个分数:前景分数和背景分数
def rpn_class_loss(target_matchs, rpn_class_logits):
    
    # 得到 anchor 类别(正样本、负样本和无效样本)
    anchor_class = tf.cast(tf.equal(target_matchs, 1), tf.int32)
```

```python
    indices = tf.where(tf.not_equal(target_matchs, 0))
    rpn_class_logits = tf.gather_nd(rpn_class_logits, indices)
    anchor_class = tf.gather_nd(anchor_class, indices)
    #交叉熵损失
    num_classes = rpn_class_logits.shape[-1]
    loss = keras.losses.categorical_crossentropy(tf.one_hot(anchor_class, depth = num_classes),
        rpn_class_logits, from_logits = True)
    loss = tf.reduce_mean(loss) if tf.size(loss) > 0 else tf.constant(0.0)

    return loss
#RPN 位置损失
def rpn_bbox_loss(target_deltas, target_matchs, rpn_deltas):

    def batch_pack(x, counts, num_rows):
        outputs = []
        for i in range(num_rows):
            outputs.append(x[i, :counts[i]])
        return tf.concat(outputs, axis = 0)

    #只有正样本计算位置损失
    indices = tf.where(tf.equal(target_matchs, 1))
    rpn_deltas = tf.gather_nd(rpn_deltas, indices)
    batch_counts = tf.reduce_sum(tf.cast(tf.equal(target_matchs, 1), tf.int32), axis = 1)
    target_deltas = batch_pack(target_deltas, batch_counts, target_deltas.shape.as_list()[0])
    #光滑 L1 损失
    loss = smooth_l1_loss(target_deltas, rpn_deltas)
    loss = tf.reduce_mean(loss) if tf.size(loss) > 0 else tf.constant(0.0)

    return loss
```

【代码 11-4】

```python
#RPN 部分代码,先将 ROI 的个数从 17100 个减少到 2000 个,之后进行 NMS,最后降到 300 个左右
class RPNHead(tf.keras.Model):
    #网络参数,默认 nms 阈值为 0.7
    def __init__(self,
                 anchor_scales = (32, 64, 128, 256, 512),
                 anchor_ratios = (0.5, 1, 2),
                 anchor_feature_strides = (4, 8, 16, 32, 64),
                 proposal_count = 300,
                 nms_threshold = 0.7,
                 target_means = (0., 0., 0., 0.),
                 target_stds = (0.1, 0.1, 0.2, 0.2),
                 num_rpn_deltas = 256,
                 positive_fraction = 0.5,
```

```python
            pos_iou_thr = 0.7,
            neg_iou_thr = 0.3,
            **kwags):
    
    super(RPNHead, self).__init__(**kwags)
    
    self.proposal_count = proposal_count
    self.nms_threshold = nms_threshold
    self.target_means = target_means
    self.target_stds = target_stds
    # 生成 anchor,详见代码 11-1
    self.generator = anchor_generator.AnchorGenerator(
        scales = anchor_scales,
        ratios = anchor_ratios,
        feature_strides = anchor_feature_strides)
    # 生成 anchor 目标,详见代码 11-2
    self.anchor_target = anchor_target.AnchorTarget(
        target_means = target_means,
        target_stds = target_stds,
        num_rpn_deltas = num_rpn_deltas,
        positive_fraction = positive_fraction,
        pos_iou_thr = pos_iou_thr,
        neg_iou_thr = neg_iou_thr)
    # 计算损失函数,详见代码 11-3
    self.rpn_class_loss = losses.rpn_class_loss
    self.rpn_bbox_loss = losses.rpn_bbox_loss
    
    # RPN 卷积层
    self.rpn_conv_shared = layers.Conv2D(512, (3, 3), padding = 'same', kernel_initializer = 'he_normal', name = 'rpn_conv_shared')
    
    self.rpn_class_raw = layers.Conv2D(len(anchor_ratios) * 2, (1, 1), kernel_initializer = 'he_normal', name = 'rpn_class_raw')
    
    self.rpn_delta_pred = layers.Conv2D(len(anchor_ratios) * 4, (1, 1), kernel_initializer = 'he_normal', name = 'rpn_bbox_pred')
    # 向前传播,经过 RPN 网络
    def call(self, inputs, training = True):
        layer_outputs = []
        # 计算每层结果
        for feat in inputs:
            shared = self.rpn_conv_shared(feat)
            shared = tf.nn.relu(shared)
            
            x = self.rpn_class_raw(shared)
```

```python
            rpn_class_logits = tf.reshape(x, [tf.shape(x)[0], -1, 2])
            rpn_probs = tf.nn.softmax(rpn_class_logits)
            x = self.rpn_delta_pred(shared)
            rpn_deltas = tf.reshape(x, [tf.shape(x)[0], -1, 4])

            layer_outputs.append([rpn_class_logits, rpn_probs, rpn_deltas])

        outputs = list(zip(*layer_outputs))
        outputs = [tf.concat(list(o), axis=1) for o in outputs]
        rpn_class_logits, rpn_probs, rpn_deltas = outputs

        return rpn_class_logits, rpn_probs, rpn_deltas

    #计算损失函数
    def loss(self, rpn_class_logits, rpn_deltas, gt_boxes, gt_class_ids, img_metas):
        anchors, valid_flags = self.generator.generate_pyramid_anchors(img_metas)
        rpn_target_matchs, rpn_target_deltas = self.anchor_target.build_targets(
            anchors, valid_flags, gt_boxes, gt_class_ids)

        rpn_class_loss = self.rpn_class_loss(rpn_target_matchs, rpn_class_logits)
        rpn_bbox_loss = self.rpn_bbox_loss(rpn_target_deltas, rpn_target_matchs, rpn_deltas)

        return rpn_class_loss, rpn_bbox_loss
    #proposal层
    def get_proposals(self,
                     rpn_probs,
                     rpn_deltas,
                     img_metas,
                     with_probs=False):

        anchors, valid_flags = self.generator.generate_pyramid_anchors(img_metas)
        rpn_probs = rpn_probs[:, :, 1]
        pad_shapes = calc_pad_shapes(img_metas)

        proposals_list = [
            self._get_proposals_single(rpn_probs[i], rpn_deltas[i], anchors, valid_flags[i],
        pad_shapes[i], with_probs) for i in range(img_metas.shape[0])
        ]

    return proposals_list
    #单个proposal层
    def _get_proposals_single(self,
                              rpn_probs,
                              rpn_deltas,
                              anchors,
                              valid_flags,
```

```python
                          img_shape,
                          with_probs):
    H, W = img_shape
    
    # 将无效的 ROI 删除
    valid_flags = tf.cast(valid_flags, tf.bool)
    rpn_probs = tf.boolean_mask(rpn_probs, valid_flags)
    rpn_deltas = tf.boolean_mask(rpn_deltas, valid_flags)
    anchors = tf.boolean_mask(anchors, valid_flags)
    # 保留 IOU 较大的 2000 个 ROI
    pre_nms_limit = min(2000, anchors.shape[0])
    ix = tf.nn.top_k(rpn_probs, pre_nms_limit, sorted=True).indices
    rpn_probs = tf.gather(rpn_probs, ix)
    rpn_deltas = tf.gather(rpn_deltas, ix)
    anchors = tf.gather(anchors, ix)
    
    proposals = transforms.delta2bbox(anchors, rpn_deltas, self.target_means, self.target_stds)
    # 将 ROI 超过图像的部分剪裁
    window = tf.constant([0., 0., H, W], dtype=tf.float32)
    proposals = transforms.bbox_clip(proposals, window)
    
    # 归一化
    proposals = proposals / tf.constant([H, W, H, W], dtype=tf.float32)
    
    # NMS,保留 300 个 ROI
    indices = tf.image.non_max_suppression(
        proposals, rpn_probs, self.proposal_count, self.nms_threshold)
    proposals = tf.gather(proposals, indices)
    
    if with_probs:
        proposal_probs = tf.expand_dims(tf.gather(rpn_probs, indices), axis=1)
        proposals = tf.concat([proposals, proposal_probs], axis=1)
    
    return proposals
```

【代码 11-5】

```python
# Proposal 层目标函数,训练时从 RPN 得到的 ROI 中每次选取 256 个,正样本比例保持在 0.25 左右
class ProposalTarget:
    # 基本参数,正样本比例默认为 0.25,IOU 阈值默认为 0.5,一张图片 ROI 数量默认最多 256 个
    def __init__(self,
                 target_means=(0., 0., 0., 0.),
                 target_stds=(0.1, 0.1, 0.2, 0.2),
                 num_rcnn_deltas=256,
```

```python
                    positive_fraction = 0.25,
                    pos_iou_thr = 0.5,
                    neg_iou_thr = 0.5):
        self.target_means = target_means
        self.target_stds = target_stds
        self.num_rcnn_deltas = num_rcnn_deltas
        self.positive_fraction = positive_fraction
        self.pos_iou_thr = pos_iou_thr
        self.neg_iou_thr = neg_iou_thr
    #生成目标
    def build_targets(self, proposals_list, gt_boxes, gt_class_ids, img_metas):

        pad_shapes = calc_pad_shapes(img_metas)
        rois_list = []
        rcnn_target_matchs_list = []
        rcnn_target_deltas_list = []

        for i in range(img_metas.shape[0]):
            rois, target_matchs, target_deltas = self._build_single_target(proposals_list
[i], gt_boxes[i], gt_class_ids[i], pad_shapes[i])
            rois_list.append(rois)
            rcnn_target_matchs_list.append(target_matchs)
            rcnn_target_deltas_list.append(target_deltas)

        return rois_list, rcnn_target_matchs_list, rcnn_target_deltas_list
    #生成单个目标
    def _build_single_target(self, proposals, gt_boxes, gt_class_ids, img_shape):

        H, W = img_shape
        gt_boxes, non_zeros = trim_zeros(gt_boxes)
        gt_class_ids = tf.boolean_mask(gt_class_ids, non_zeros)
        #归一化
        gt_boxes = gt_boxes / tf.constant([H, W, H, W], dtype=tf.float32)
        #计算 IOU 分数
        overlaps = geometry.compute_overlaps(proposals, gt_boxes)
        anchor_iou_argmax = tf.argmax(overlaps, axis=1)
        roi_iou_max = tf.reduce_max(overlaps, axis=1)
        # IOU 大于阈值为正样本,反之为负样本
        positive_roi_bool = (roi_iou_max >= self.pos_iou_thr)
        positive_indices = tf.where(positive_roi_bool)[:, 0]

        negative_indices = tf.where(roi_iou_max < self.neg_iou_thr)[:, 0]
        #调整正负样本比例
        positive_count = int(self.num_rcnn_deltas * self.positive_fraction)
```

```python
        positive_indices = tf.random.shuffle(positive_indices)[:positive_count]
        positive_count = tf.shape(positive_indices)[0]

        r = 1.0 / self.positive_fraction
        negative_count = tf.cast(r * tf.cast(positive_count, tf.float32), tf.int32) - positive_count
        negative_indices = tf.random.shuffle(negative_indices)[:negative_count]

        positive_rois = tf.gather(proposals, positive_indices)
        negative_rois = tf.gather(proposals, negative_indices)

        # 将正样本匹配到对应的ROI
        positive_overlaps = tf.gather(overlaps, positive_indices)
        roi_gt_box_assignment = tf.argmax(positive_overlaps, axis=1)
        roi_gt_boxes = tf.gather(gt_boxes, roi_gt_box_assignment)
        target_matchs = tf.gather(gt_class_ids, roi_gt_box_assignment)

        target_deltas = transforms.bbox2delta(positive_rois, roi_gt_boxes, self.target_means, self.target_stds)

        rois = tf.concat([positive_rois, negative_rois], axis=0)

        N = tf.shape(negative_rois)[0]
        target_matchs = tf.pad(target_matchs, [(0, N)])

        target_matchs = tf.stop_gradient(target_matchs)
        target_deltas = tf.stop_gradient(target_deltas)

        return rois, target_matchs, target_deltas
```

【代码11-6】

```python
# ROI池化函数,通过ROI池化,将不同特征图,不同大小的候选框变成同样维度的特征
class PyramidROIAlign(tf.keras.layers.Layer):
    def __init__(self, pool_shape, **kwargs):
        super(PyramidROIAlign, self).__init__(**kwargs)
        self.pool_shape = tuple(pool_shape)
    # 前向传播
    def call(self, inputs, training=True):
        rois_list, feature_map_list, img_metas = inputs
        pad_shapes = calc_pad_shapes(img_metas)
        pad_areas = pad_shapes[:, 0] * pad_shapes[:, 1]
        num_rois_list = [rois.shape.as_list()[0] for rois in rois_list]
        roi_indices = tf.constant(
```

```python
            [i for i in range(len(rois_list)) for _ in range(rois_list[i].shape.as_list()
[0])], dtype=tf.int32
        )
        areas = tf.constant(
            [pad_areas[i] for i in range(pad_areas.shape[0]) for _ in range(num_rois_list
[i])], dtype=tf.float32
        )
        rois = tf.concat(rois_list, axis=0)

        #根据ROI的区域为每个ROI设置级数
        y1, x1, y2, x2 = tf.split(rois, 4, axis=1)
        h = y2 - y1
        w = x2 - x1

        roi_level = tf.math.log(tf.sqrt(tf.squeeze(h * w, 1))/ tf.cast((224.0 / tf.sqrt
(areas * 1.0)), tf.float32))
            / tf.math.log(2.0)
        roi_level = tf.minimum(5, tf.maximum( 2, 4 + tf.cast(tf.round(roi_level), tf.int32)))
        pooled_rois = []
        roi_to_level = []
        for i, level in enumerate(range(2, 6)):
            ix = tf.where(tf.equal(roi_level, level))
            level_rois = tf.gather_nd(rois, ix)
            level_roi_indices = tf.gather_nd(roi_indices, ix)
            roi_to_level.append(ix)
            #ROI池化层不进行梯度更新
            level_rois = tf.stop_gradient(level_rois)
            level_roi_indices = tf.stop_gradient(level_roi_indices)
            pooled_rois.append(tf.image.crop_and_resize(
                feature_map_list[i], level_rois, level_roi_indices, self.pool_shape,
method="bilinear"))

        pooled_rois = tf.concat(pooled_rois, axis=0)
        roi_to_level = tf.concat(roi_to_level, axis=0)
        roi_range = tf.expand_dims(tf.range(tf.shape(roi_to_level)[0]), 1)
        roi_to_level = tf.concat([tf.cast(roi_to_level, tf.int32), roi_range], axis=1)
        sorting_tensor = roi_to_level[:, 0] * 100000 + roi_to_level[:, 1]
        ix = tf.nn.top_k(sorting_tensor, k=tf.shape(roi_to_level)[0]).indices[::-1]
        ix = tf.gather(roi_to_level[:, 1], ix)
        pooled_rois = tf.gather(pooled_rois, ix)
        pooled_rois_list = tf.split(pooled_rois, num_rois_list, axis=0)

        return pooled_rois_list
```

最后，模型最终的效果如图 11-19 所示，可以看出图片中检测到两个物体，分别为人和狗，概率分别为 1.0 和 0.755。

图 11-19　模型检测效果示例

第 12 章　基于深度学习的计算机视觉之一阶段目标检测

第 11 章我们详细介绍了两阶段目标检测，如图 12-1 所示，将候选框选取和物体分类分为两个问题解决，最经典的网络就是 R-CNN 类网络，在加入了 ROI 池化后，可避免重复计算大量特征，从而使得运行速度大大加快。然而，即使是最快的 Faster R-CNN，依然不能达到实时检测的标准。

那么我们能否将两个问题合并在一起解决呢？从图 12-1 中我们可以发现，两阶段目标检测本质上就是训练两个网络，分别对两个问题进行求解，这两个网络有什么区别呢？在网络结构上没有任何区别，在特征输入上也没有任何区别，唯一的区别就是网络的目标不同，或者说使用的损失函数不同，所以，我们完全可以将两个网络合并，将输出向量也拼接在一起，并且使用不同的损失函数对不同部分的输出进行拟合。这样，我们就基本实现了一阶段目标检测。

一阶段目标检测主要的网络有 YOLO 网络和 SSD 网络，在本章会详细讲解这两个网络。

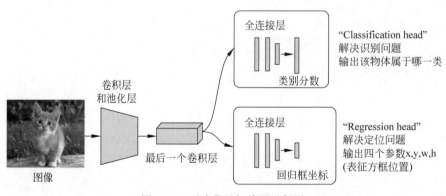

图 12-1　两阶段目标检测示例图

12.1　YOLO 网络

接下来我们介绍阶段目标检测的最优秀的网络框架：YOLO。全名叫 you look only

once，意思是你只需看一次，就能整个完成目标检测。

12.1.1　YOLO 起源

在 YOLO 兴起之前的目标检测方法都是两阶段方法，先预设大量的候选框（或 anchor），再对候选框进行分类和位置回归，著名的网络有我们之前提到的 R-CNN、Fast R-CNN 和 Faster R-CNN 等，在两阶段模型无法更进一步时，YOLO 网络异军突起，一步到位，实现真正意义上的端到端学习，使得模型预测速度比业界最佳提高 10 倍以上。同时，SSD 网络应运而生，但是此时，"one stage"类型网络还是无法解决目标检测问题准确率的瓶颈。之后 YOLO 作者苦修数载，推出 YOLOv2，增加输出类别，成就 YOLO9000，此时已经稳居第一，而后作者偶获灵感，推出 YOLOv3，终于横扫武林，再无敌手。图 12-2 和图 12-3 为我们展示了 YOLO 网络的效果。

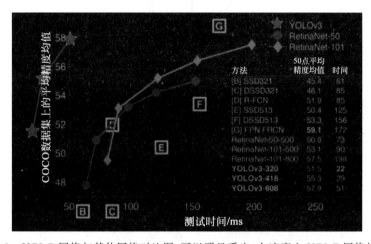

图 12-2　YOLO 网络与其他网络对比图，可以明显看出，在速度上 YOLO 网络的优势

12.1.2　YOLO 原理

那么 YOLO 网络的神奇之处究竟在哪呢？我们知道，目标识别问题就是把神经网络的最后一层概率值用来做类别分类。那么我们为何不直接将候选框的位置也放到最后一层做预测呢？于是，在 YOLO 网络的最后一层，我们在预测类别的基础上，加入预测位置的部分。

为了预测位置，我们输出五个值：x、y、w、h、p，这五个值分别对应候选框的左下角坐标（或者候选框的中心）、候选框的宽度和高度，以及候选框中存在物体的置信概率。其中，如果候选框中有物体，候选框中存在物体的置信概率为候选框与真实物体框的交并比（IOU），否则，置信概率为 0。

一开始我们会把图片分成 $S \times S$ 格（S 默认值为 7），每个格子用来预测中心点落在其中的哪一个物体上，为什么分成 $S \times S$ 格呢？因为网络的最后一层特征层大小恰好是 $S \times S$，也就

是说最后一层特征层的每个像素对应一个候选框中心。例如图 12-4 中，我们就标出了狗的中心点所在的方格，那么我们就用这个方格来预测狗，需要注意的是，分成 $S\times S$ 个格子只是抽象的说法，实际测试时并不会真正地去划分。一般来说，一个格子会输出置信概率最大的 B 个候选框（B 默认值为 2），测试时我们会选取概率最大的那个作为预测结果。也就是说，我们总共可预测的候选框个数为 $S\times S\times B$（默认值为 98 个）。当然，每个格子还需要进行 C 个物体类别预测（C 默认值为 20），这 C 个类别预测其实是条件概率：P（某一类物体 | 存在物体），这是由于前面我们已经预测了物体的置信概率 P（存在物体），所以两者相乘就得到 P（某一类物体），于是每个方格输出 $B\times 5+C$ 维度的数据，也就是说我们最后一共输出维度为 $S\times S\times(B\times 5+C)$ 的张量进行回归预测。

图 12-3　YOLO 网络检测示例，可以看出，连肉眼无法分辨的物体都可以检测出

下面我们来具体介绍 YOLO 网络的损失函数（详见图 12-5），前面我们已经讲过，分类问题我们一般用交叉熵损失，那么在 YOLO 中，分类损失采取类别概率的平方损失，在 YOLO 中计算的时候，有一点比较特殊，就是只计算有物体的候选框的分类损失，而忽略背景框，于是分类的损失为式 (12-1)：

$$\sum_{\text{有物体的候选框}}\sum(p(c)-\hat{p(c)})^2 \tag{12-1}$$

那么位置的损失如何定义呢？关于距离，我们第一时间就会想到欧几里得距离，那么我们是否可以用预测值和真值之间的欧几里得距离呢？对于边框预测中的 x 和 y，这是可行的，但是对于 w 和 h，会有问题，这是因为本身较小的物体，由于为 w 和 h 绝对值较小，对于同样的欧几里得距离误差，小物体的百分比误差更大，举个例子，一个物体框长度为 10，一个物体框长度为 1，同样长度 1 的误差，对于第一个物体框只有 10% 为了解决这个问题，作者对 w 和 h 进行开根号操作，之后再用平方损失，那么位置的损失为式 (12-2)：

图 12-4　YOLO 分块示例，图片被分成 7×7 小块，狗周围的框为狗的物体框，狗中心点所在的方格负责预测狗

$$\sum_{\text{有物体的候选框}} \sum (x-\hat{x})^2 + (y-\hat{y})^2 + (\sqrt{w}-\widehat{\sqrt{w}})^2 + (\sqrt{h}-\widehat{\sqrt{h}})^2 \qquad (12\text{-}2)$$

最后是置信概率 p 的损失函数，我们还是用平方损失，要注意的是含有物体的候选框和不含物体的候选框的损失是不同的，这是因为在图像中，大部分是背景，即不含物体的框居多，导致正负样本不均衡，为了解决这个问题，给予不含物体的框较小的权重（默认值为 0.5），可以类比传统学习中的下采样，于是置信概率的损失为式 (12-3)：

$$\sum_{\text{有物体的候选框}} \sum (c-\hat{c})^2 + \lambda_{\text{noobject}} \sum_{\text{没有物体的候选框}} \sum (c-\hat{c})^2 \qquad (12\text{-}3)$$

现在我们已经给出了所有的损失函数，还有一点值得注意的是，类似于 R-CNN，我们需要给予位置损失不同的权重（默认值为 5），这是因为位置预测只有 4 个值（x,y,w,h），而分类条件概率有 20 个值（甚至更多），并且位置预测和分类预测作为两个问题，它们的损失显然也应该是不同的。

将这些关键点全考虑进损失函数中后，我们就得到了图 12-5。

我们的训练目标是什么呢？从图 12-5 中我们可以发现，并非所有的输出张量都计算损失。对于那些有物体在其中的网格，预测的 B 个候选框中，只有与真实物体框的 IOU 较大的预测框会计算位置损失和置信度损失，对于那些完全没有物体的网格，只计算置信度损失。

接下来讲解网络的具体结构，如图 12-6 所示。

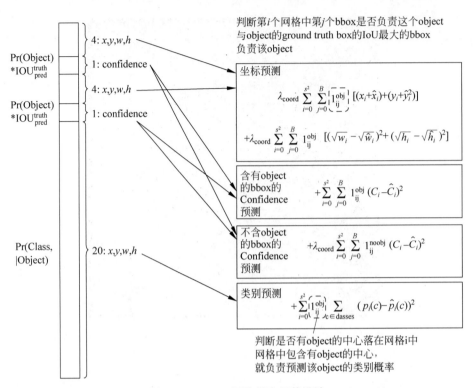

图 12-5　YOLO 网络损失函数设计

图 12-7 展示了 YOLO 网络预测层与原图的映射关系。

首先模型的输入大小是 448×448×3，之后会经过卷积层和最大池化层的组合，共经过 24 层卷积层和 4 层最大池化层，变成 7×7×1024 的张量，最后再经过两个全连接层，变成我们所需的 7×7×30 的张量，再用它进行损失函数计算即可。除了最后一层采用线性激活函数，其他层都采用 Leaky ReLU 激活函数。

由于 PASCAL VOC 数据集样本较少，YOLO 先使用 ImageNet 数据集对前 20 层卷积网络进行预训练，然后使用完整的网络，在 PASCAL VOC 数据集上进行物体分类和候选框位置的训练和预测。训练中采用了 dropout 和数据增强来防止过拟合。

最后，让我们来点评一下 YOLO 的优缺点，优点显而易见，就是预测速度快，预测速度可以达到 45fps，其快速版本甚至可以达到 155fps。缺点是对聚集在一起的小物体效果很差，对边框的预测准确度不高，总体预测精度略低于 Fast R-CNN 类网络，如图 12-8 所示。这主要是因为网格设置比较稀疏，再加上每个网格只预测两个候选框，一共只有 98 个边框，相较于 Fast R-CNN 中 2000 个候选框少了很多，所以在边框预测的准确性上有所下降。那么在之后的小节中，我们主要介绍作者如何力挽狂澜，解决这个问题。

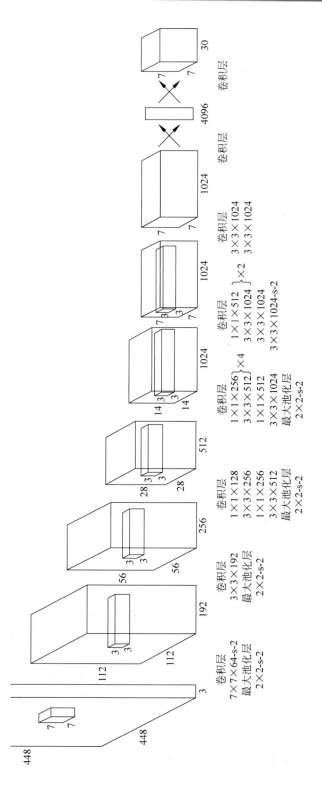

图 12-6　YOLO 网络结构

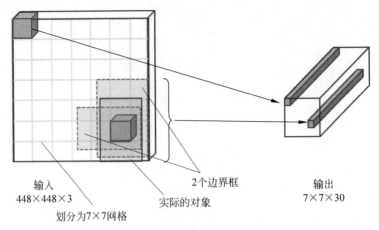

图 12-7　YOLO 网络预测层与原图的映射关系

Real-Time Detectors	Train	mAP	FPS
100Hz DPM[30]	2007	16.0	100
30Hz DPM[30]	2007	26.1	30
Fast YOLO	2007+2012	52.7	**155**
YOLO	2007+2012	**63.4**	45
Less Than Real-Time			
Fastest DPM[32]	2007	30.4	15
R-CNN Minus R[30]	2007	53.5	6
Fast R-CNN[14]	2007+2012	70.0	0.5
Faster R-CNN VGG-16[27]	2007+2012	73.2	7
Faster R-CNN ZF[27]	2007+2012	62.1	18
YOLO VGG-16	2007+2012	66.4	21

图 12-8　YOLO 网络与其他模型效果对比

12.1.3　YOLOv2 原理

YOLOv2 的论文全名为 YOLO9000：Better、Faster、Stronger，它斩获了 CVPR 2017 最佳论文。那么接下来我们就来看一看它的改进方案，如图 12-9 所示。

首先，加入批归一化（BN 层），在 YOLOv2 中，每个卷积层后面都添加了 Batch Normalization 层，并且不再使用 Dropout。BN 的原理在这里就不赘述了，这一方法在深度学习中非常常用，可以认为是使用了比 Dropout 更好的正则化方法，从而提高了网络的速度和效果。

其次，增加图像的分辨率，YOLOv2 增加了在 ImageNet 数据集上使用 448×448（原来为 224×224）来训练分类过程，使用高分辨率的分类器，模型自然就更加准确。

再次，为了改变 YOLOv1 中候选框个数太少的问题（默认 98 个），YOLOv2 使用了 Faster R-CNN 网络的先验框（锚框）策略，并且把最后一层全连接层去除，改为卷积层，使用新的策略后，YOLOv2 可以预测上千个候选框，召回率大大提升。

	YOLO								YOLOv2
批归一化?		√	√	√	√	√	√	√	√
高分辨率分类器?			√	√	√	√	√	√	√
全卷积?				√	√	√	√	√	√
锚箱?				√	√				
新网络?					√	√	√	√	√
维度先验?						√	√	√	√
位置预测?						√	√	√	√
跳过连接?							√	√	√
多尺度?								√	√
高分辨率检测器?									√
VOC2007 mAP	63.4	65.8	69.5	69.2	69.6	74.4	75.4	76.8	78.6

图 12-9　YOLOv2 改进过程及每一步的准确率提高

从次，YOLOv2 还改进了先验框的选取方式，与 Faster R-CNN 直接手动选取先验框的大小不同，它使用 K-means 方法对锚框做了聚类分析，如图 12-10 所示，再考虑了速度和精度后，将 anchor 聚成 5 类，使得预测框的 IOU 更高了。有趣的是，K-means 中两个框之间的距离度量并非用传统的欧式距离，而是使用了两个框之间的 IOU，这是因为 IOU 更能体现两个框之间的相似程度。

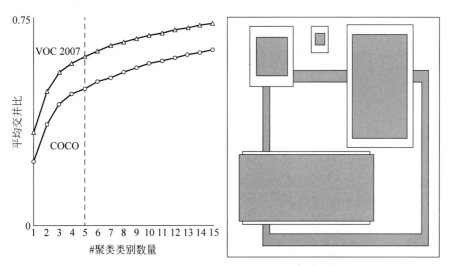

图 12-10　YOLOv2 K-means 锚框聚类分析

最后，约束预测边框的位置，由于在训练的早期阶段，锚框的位置预测容易不稳定，所以 YOLOv2 调整了预测公式，将预测边框的中心约束在特定网格内，如图 12-11 所示。

另外，YOLOv2 提出了一种 passthrough 层来获得精细的特征图。passthrough 层与 ResNet 网络的跳过连接方法类似，对于前面高分辨率的特征图，跳过中间层，将其直接连接到后面的低分辨率特征图上。前面的特征图维度是后面的特征图的 2 倍，passthrough 层抽取前面层的每个 2×2 的局部区域，然后将其转化为相同的维度，最后形成 13×13×3072 的特征图，另外在此特征图基础上卷积做预测。

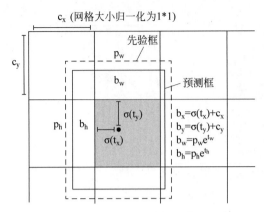

图 12-11　YOLOv2 预测边框的位置示意图

除此之外,YOLOv2 使用多尺度输入训练策略,在训练过程,每隔 10 个 iterations 会随机选择一种输入图片大小($320\times320,352\times352,\cdots,608\times608$),采用这种方式的好处是可以适应不同大小的图片。

整个网络结构,如图 12-12 所示。

种类	通道数量	尺寸/滑动步数	输出
卷积层	32	3×3	224×224
最大池化		2×2/2	112×112
卷积层	64	3×3	112×112
最大池化		2×2/2	56×56
卷积层	128	3×3	56×56
卷积层	64	1×1	56×56
卷积层	128	3×3	56×56
最大池化		2×2/2	28×28
卷积层	256	3×3	28×28
卷积层	128	1×1	28×28
卷积层	256	3×3	28×28
最大池化		2×2/2	14×14
卷积层	512	3×3	14×14
卷积层	256	1×1	14×14
卷积层	512	3×3	14×14
卷积层	256	1×1	14×14
卷积层	512	3×3	14×14
最大池化		2×2/2	7×7
卷积层	1024	3×3	7×7
卷积层	512	1×1	7×7
卷积层	1024	3×3	7×7
卷积层	512	1×1	7×7
卷积层	1024	3×3	7×7
卷积层	1000	1×1	7×7
平均池化层		全局池化	1000
Softmax			

图 12-12　YOLOv2 网络结构

在训练过程中，为了解决检测数据集少的问题，将 ImageNet 数据集也加入训练，对于只有物体分类标签的图片，不计算位置损失，只计算物体类别损失。加入 ImageNet 数据集后，扩大了类别数量，使得模型效果更好，更加强大。但是在增加了类别数量后，出现了一个新的问题，就是类别之间会出现互相包含的问题，例如狗和金毛这两个标签，属于包含关系，那么一张金毛的图片到底是输出狗还是输出金毛呢？于是作者想到了一个办法，使用 WordTree 结构，将互相关联的标签按照层次划分，使得输出一个条件概率，例如一条链为动物→狗→金毛，则依次输出 p(动物)、p(狗|动物)、p(金毛|狗)。依照此逻辑，YOLOv2 将输出的张量分块，每一小块中使用一个 Softmax 激活（得到每一小块里各个节点的条件概率），然后对所有小块进行 Softmax 激活。将原来 ImageNet 的 1000 个分类，变成 1000 个小块，总共 1369 个分类，如图 12-13 所示。

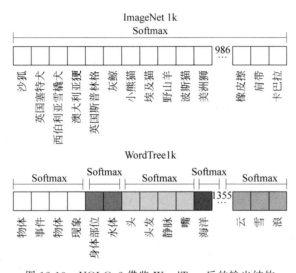

图 12-13　YOLOv2 借鉴 WordTree 后的输出结构

另外，损失函数也做了相应的优化，如图 12-14 所示。

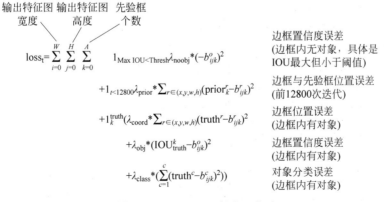

图 12-14　YOLOv2 损失函数

图 12-15 展示了 YOLOv2 的强大效果，可以说当时 YOLOv2 已经稳居目标检测领域第一了。

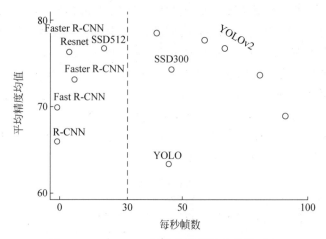

图 12-15　YOLOv2 网络与其他模型效果对比

下面我们看一下 YOLOv2 的网络结构代码：

【代码 12-1】

```
#YOLOv2 代码实现:
def darknet(images, n_last_channels = 425):
    net = conv2d(images, 32, 3, 1, name = "conv1")
    net = maxpool(net, name = "pool1")
    net = conv2d(net, 64, 3, 1, name = "conv2")
    net = maxpool(net, name = "pool2")
    net = conv2d(net, 128, 3, 1, name = "conv3_1")
    net = conv2d(net, 64, 1, name = "conv3_2")
    net = conv2d(net, 128, 3, 1, name = "conv3_3")
    net = maxpool(net, name = "pool3")
    net = conv2d(net, 256, 3, 1, name = "conv4_1")
    net = conv2d(net, 128, 1, name = "conv4_2")
    net = conv2d(net, 256, 3, 1, name = "conv4_3")
    net = maxpool(net, name = "pool4")
    net = conv2d(net, 512, 3, 1, name = "conv5_1")
    net = conv2d(net, 256, 1, name = "conv5_2")
    net = conv2d(net, 512, 3, 1, name = "conv5_3")
    net = conv2d(net, 256, 1, name = "conv5_4")
    net = conv2d(net, 512, 3, 1, name = "conv5_5")
    shortcut = net
    net = maxpool(net, name = "pool5")
    net = conv2d(net, 1024, 3, 1, name = "conv6_1")
    net = conv2d(net, 512, 1, name = "conv6_2")
```

```python
        net = conv2d(net, 1024, 3, 1, name = "conv6_3")
        net = conv2d(net, 512, 1, name = "conv6_4")
        net = conv2d(net, 1024, 3, 1, name = "conv6_5")
        # ---------
        net = conv2d(net, 1024, 3, 1, name = "conv7_1")
        net = conv2d(net, 1024, 3, 1, name = "conv7_2")
        # shortcut
        shortcut = conv2d(shortcut, 64, 1, name = "conv_shortcut")
        shortcut = reorg(shortcut, 2)
        net = tf.concat([shortcut, net], axis = -1)
        net = conv2d(net, 1024, 3, 1, name = "conv8")
        # detection layer
        net = conv2d(net, n_last_channels, 1, batch_normalize = 0,
                     activation = None, use_bias = True, name = "conv_dec")
        return net
    def decode(detection_feat, feat_sizes = (13, 13), num_classes = 80,
               anchors = None):
        H, W = feat_sizes
        num_anchors = len(anchors)
        detetion_results = tf.reshape(detection_feat, [-1, H * W, num_anchors, num_classes + 5])
        bbox_xy = tf.nn.sigmoid(detetion_results[:, :, :, 0:2])
        bbox_wh = tf.exp(detetion_results[:, :, :, 2:4])
        obj_probs = tf.nn.sigmoid(detetion_results[:, :, :, 4])
        class_probs = tf.nn.softmax(detetion_results[:, :, :, 5:])
        anchors = tf.constant(anchors, dtype = tf.float32)
        height_ind = tf.range(H, dtype = tf.float32)
        width_ind = tf.range(W, dtype = tf.float32)
        x_offset, y_offset = tf.meshgrid(height_ind, width_ind)
        x_offset = tf.reshape(x_offset, [1, -1, 1])
        y_offset = tf.reshape(y_offset, [1, -1, 1])
        # decode
        bbox_x = (bbox_xy[:, :, :, 0] + x_offset) / W
        bbox_y = (bbox_xy[:, :, :, 1] + y_offset) / H
        bbox_w = bbox_wh[:, :, :, 0] * anchors[:, 0] / W * 0.5
        bbox_h = bbox_wh[:, :, :, 1] * anchors[:, 1] / H * 0.5
        bboxes = tf.stack([bbox_x - bbox_w, bbox_y - bbox_h,
                           bbox_x + bbox_w, bbox_y + bbox_h], axis = 3)
        return bboxes, obj_probs, class_probs
```

12.1.4 YOLOv3 原理

显然,在 YOLOv2 傲视群雄后,作者仍然不满足,继续对其进行改进,从而实现了YOLOv3,可以说其现在仍然是目标检测网络的巅峰之作。YOLOv3 不但加快了速度,增加了准确率,还提高了模型的泛化性,如图 12-16 所示,那么下面我们一起来看看它是如何改进的。

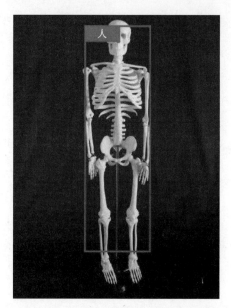

图 12-16　YOLOv3 网络预测举例,网络泛化性极高

首先,使用了多级预测,以前 YOLO 只用最后一张特征图作为预测结果,在 YOLOv3 中,使用最后三张特征图($13\times13,26\times26,52\times52$),用较大的特征图预测小物体,因为大的特征图划分得更加细致,较小的特征图预测大物体,从而提高准确率。

其次,将物体分类的损失改为逻辑回归损失,也就是说对每一个类别做预测,而不是以往的只输出概率最大的类别。这是符合现实场景的,因为一个物体完全可能对应多个类别(例如人、男人和小孩),采用复合标签更能准确地对数据进行建模。

再次,加深网络结构,从 YOLOv2 的 darknet-19 变成了 YOLOv3 的 darknet-53,这一改进并没有什么与众不同的地方,一般来说深度学习模型,只要没有过拟合,加深网络都能提高准确率。也就是我们常说的拿算力换准确率。

最后,YOLOv3 也使用 K-means 方法,这次将锚点框聚成 9 类,得到的 9 类锚点框大小分别是:10×13、16×30、33×23、30×61、62×45、59×119、116×90、156×198 和 373×326。

另外,模型的效果,如图 12-17 所示,可以看到 YOLOv3 的效果已经远远甩开其他网络模型。

12.1.5　YOLO 应用

YOLO 的应用相当广泛,它不只是一个目标检测模型,还是一个完全基于 C 语言的通用神经网络架构,有很多以此为基础的深度学习应用,例如基于 RNN 的剧本自动生成器、基于策略网络的 darknet 版阿法狗、基于 GAN 的 Deep Dream(Nightmare)、压缩网络 TinyYOLO 等。

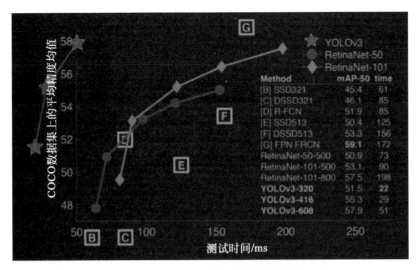

图 12-17 YOLOv3 网络与其他模型效果对比

当然，效果最好的还是目标检测。并且其自带有视频检测及网络摄像头实时视频检测。即使在高速变化的视频中，也能做到几乎完美的检测。图 12-18 展示了 YOLOv3 网络多目标检测结果。

图 12-18 YOLOv3 网络多目标检测结果

12.2 SSD 网络

SSD 检测网络,如图 12-19 所示,全名为 Single Shot MultiBox Detector。SSD 检测网络是和 YOLO 网络同时崛起的一阶段算法。模型效果比 YOLO 好,但是比 YOLOv3 差,速度较慢,下面就让我们来看看它的主要思想。

首先,SSD 网络利用卷积层之间进行类别预测,删除了含有大量参数的全连接层,这使得训练速度和测试速度都有所提升(因为全连接层无法使用 GPU 加速)。

其次,与 YOLOv3 类似,采用多尺度特征图用于检测,一共用了 6 个不同大小的特征图,大小分别为:38×38、19×19、10×10、5×5、3×3、1×1。

再次,预设 anchor,有趣的是,不同特征图上每个单元设置的先验框大小和数量均有所不同,对于先验框的尺度,其遵守一个线性递增规则式(12-4):随着特征图大小降低,先验框尺度线性增加,这是因为对于较大的特征图,物体占图的比例往往较小,所以先验框的尺度也应该较小。

$$s_k = s_{min} + \frac{s_{max} - s_{min}}{m-1}(k-1) \qquad (12-4)$$

其中,m 指特征图的个数,默认 $m=6$,s_k 表示先验框大小相对于原先图片的比例,s_{max} 和 s_{min} 分别表示比例的最大值与最小值,论文里面取 0.9 和 0.2,这是由多次实验得到的最佳参数。所以通过式(12-4)我们可以计算得到各层先验框尺度比例:0.2、0.34、0.48、0.62、0.76、0.9。对应的先验框尺度为 60、102、144、186、228、270。

对于先验框的数量,最大的特征图和最小的两个特征图的每个单元都选四个候选框,其余为六个候选框,长宽比分别为[1,2,1/2]和[1,2,1/2,3,1/3],其中长宽比为 1 的候选框有两个,大小分别为 $s_k * s_k$ 和 $\sqrt{s_k s_{k+1}} * \sqrt{s_k s_{k+1}}$,所以总共为(38×38×4+19×19×6+10×10×6+5×5×6+3×3×4+1×1×4=)8732 个候选框(比 YOLO 的 100 个候选框大 80 多倍),候选框的中心为 $\left(\frac{i+0.5}{f_k}, \frac{j+0.5}{f_k}\right)$,其中,$f_k$ 是对应特征图的长。

和 YOLO 类似,每个 anchor 输出 4 个坐标值、20 个物体分类和 1 个背景分类,共 25 维向量。

由于候选框很多,这会导致物体和背景数量不平衡的问题,作者选取概率最高的背景框作为负样本,使得正负样本比例为 1∶3,能提高 4% 左右的准确度。

最后,使用数据增强,经过作者验证是最重要的改进,可以提升 8% 的 mAP。每次训练选取的图片从三个集合里面选取:①整张图片;②完全随机裁剪;③随机裁剪的图片中候选框与物体 IOU 最小为 0.1、0.3、0.5、0.7、0.9。其中,随机裁剪的图片尺寸在原图尺寸的 10%~100%,长宽比在 0.5~2。

训练过程中,将 IOU>0.5 的框都标为正样本,损失函数类似于 Faster R-CNN 网络,为交叉熵损失(物体分类)+平滑 L1 损失(框位置调整)。图 12-20 展示了 SSD 检测结果示意图。

第12章 基于深度学习的计算机视觉之一阶段目标检测

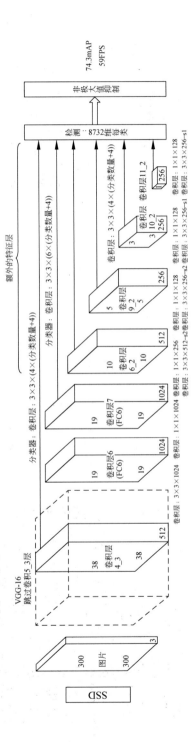

图 12-19 SSD 网络结构

图 12-20　SSD 检测结果示意图

12.3　代码实战：车牌识别

本章代码实战为车牌识别实战，如图 12-21 所示，传统的车牌识别往往基于一个车牌库，将车牌与车牌库中的模板进行比对，找出最相似的那一个，所有传统的车牌识别需要占用大量的存储空间，并且速度相当慢，无法满足实时检测的需求。如果我们使用 YOLO、CNN 等网络来完成检测会怎样呢？首先，存储空间大大减小，一个模型最多只有几百 MB 的大小，比起车牌库要小得多。其次，速度大大加快，一张图片只需要 100～200ms 即可完成识别，可以满足实时检测。最重要的就是，可以将模型部署到移动设备上，从此可以更自由地使用车牌识别功能了（例如在手机上使用）。

图 12-21　车牌识别实例

车牌识别的数据标注一般有这些值：车辆框(x,y,w,h)，车牌框(x_1,y_1,w_1,h_1)，车牌号(字符串)：s。车牌识别一般分为以下几步：第一步，定位车的位置；第二步，定位车牌的位置；第三步，进行识别。显然，第一步和第二步可以合并，但是与第三步合并起来有一些难度。如果要将第三步合并入整个网络，需要将网络最后的输出层分块，每一块对应一个字母，如图12-22所示。这样会有一些需要解决的问题，其中最重要的就是如何分块，因为每个字母的大小并非是一样的，如果固定位置，则可能对"胖"的字母没有覆盖，对"瘦"的字母覆盖过多。

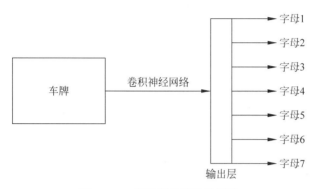

图 12-22　端到端车牌识别模型

当然，你也可以使用更简单的方法：先对车牌裁剪，裁剪出单个字符，如图12-23所示，之后再对每个字符进行识别。裁剪完之后，就是一个很简单的识别问题，将单个字母先改变大小到同样的大小，之后经过CNN网络进行识别，识别出单个字母，字母和数字可以分两个网络训练，如图12-24所示。如果你的数据集较少，可以使用数据增强或者迁移学习的方法。

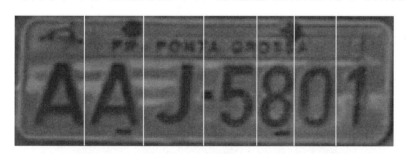

图 12-23　车牌裁剪示例

AAJ5801

APJ3829

AQL0951

图 12-24　车牌数字、字母识别示例

下面详细讲解如何识别出车牌位置的代码,主要用到 YOLOv3 网络,参考源码:https://github.com/SQMah/YOLOv3-Plate-Detection。图 12-25 展示了 darknet53 网络结构。图 12-26 展示了模型效果。

	种类	通道数量	尺寸	输出
	卷积层	32	3×3	256×256
	卷积层	64	3×3/2	128×128
1×	卷积层	32	1×1	
	卷积层	64	3×3	
	跳过连接			128×128
	卷积层	128	3×3/2	64×64
2×	卷积层	64	1×1	
	卷积层	128	3×3	
	跳过连接			64×64
	卷积层	256	3×3/2	32×32
8×	卷积层	128	1×1	
	卷积层	256	3×3	
	跳过连接			32×32
	卷积层	512	3×3/2	16×16
8×	卷积层	256	1×1	
	卷积层	512	3×3	
	跳过连接			16×16
	卷积层	1024	3×3/2	8×8
4×	卷积层	512	1×1	
	卷积层	1024	3×3	
	跳过连接			8×8
	平均池化层		全局池化	
	连接		1000	
	Softmax			

图 12-25 darknet53 网络结构

图 12-26 模型效果展示

【代码12-2】

```python
#车牌识别定位网络代码
#自定义卷积层,可以控制是否需要下采样,bn 层
import tensorflow as tf
def convolutional(input_data, filters_shape, trainable, name, downsample = False, activate = True, bn = True):
    with tf.variable_scope(name):
#需要下采样
        if downsample:
            pad_h, pad_w = (filters_shape[0] - 2) // 2 + 1, (filters_shape[1] - 2) // 2 + 1
            paddings = tf.constant([[0, 0], [pad_h, pad_h], [pad_w, pad_w], [0, 0]])
            input_data = tf.pad(input_data, paddings, 'CONSTANT')
            strides = (1, 2, 2, 1)
            padding = 'VALID'
        else:
            strides = (1, 1, 1, 1)
            padding = "SAME"
        #卷积层权重
        weight = tf.compat.v1.get_variable(name = 'weight', dtype = tf.float32, trainable = True,
                    shape = filters_shape, initializer = tf.random_normal_initializer(stddev = 0.01))
        conv = tf.nn.conv2d(input = input_data, filter = weight, strides = strides, padding = padding)
        #需要 bn 层
        if bn:
            conv = tf.layers.batch_normalization(conv, beta_initializer = tf.zeros_initializer(),
                    gamma_initializer = tf.ones_initializer(), moving_mean_initializer = tf.zeros_initializer(),
                    moving_variance_initializer = tf.ones_initializer(), training = trainable)
        else:
            bias = tf.compat.v1.get_variable(name = 'bias', shape = filters_shape[-1],
                    trainable = True, dtype = tf.float32, initializer = tf.constant_initializer(0.0))
            conv = tf.nn.bias_add(conv, bias)
        #激活函数
        if activate == True: conv = tf.nn.leaky_relu(conv, alpha = 0.1)

    return conv

#自定义跳过连接块
def residual_block(input_data, input_channel, filter_num1, filter_num2, trainable, name):
    #跳过连接
    short_cut = input_data

    with tf.variable_scope(name):
```

```python
        input_data = convolutional(input_data, filters_shape = (1, 1, input_channel, filter_num1),
                                   trainable = trainable, name = 'conv1')
        input_data = convolutional(input_data, filters_shape = (3, 3, filter_num1, filter_num2),
                                   trainable = trainable, name = 'conv2')
    #输出 = 卷积层输出 + 跳过连接部分
    residual_output = input_data + short_cut

    return residual_output

#定义 YOLOv3 主体网络, darknet53(图 12 - 25), 使用前面定义的卷积层和跳过连接模块, 最后输出
#三个不同尺度的特征图结果
def darknet53(input_data, trainable):

    with tf.compat.v1.variable_scope('darknet'):
        input_data = common.convolutional(input_data, filters_shape = (3, 3, 3, 32),
                                          trainable = trainable, name = 'conv0')
        input_data = common.convolutional(input_data, filters_shape = (3, 3, 32, 64),
                                          trainable = trainable, name = 'conv1', downsample = True)
        #第 1 个跳过连接块
        for i in range(1):
            input_data = common.residual_block(input_data, 64, 32, 64, trainable = trainable, name = 'residual%d' % (i + 0))

        input_data = common.convolutional(input_data, filters_shape = (3, 3, 64, 128),
                                          trainable = trainable, name = 'conv4', downsample = True)
        #第 2 个跳过连接块
        for i in range(2):
            input_data = common.residual_block(input_data, 128, 64, 128, trainable = trainable, name = 'residual%d' % (i + 1))

        input_data = common.convolutional(input_data, filters_shape = (3, 3, 128, 256),
                                          trainable = trainable, name = 'conv9', downsample = True)
        #第 3 个跳过连接块
        for i in range(8):
            input_data = common.residual_block(input_data, 256, 128, 256, trainable = trainable, name = 'residual%d' % (i + 3))
        #多尺度输出
        route_1 = input_data
        input_data = common.convolutional(input_data, filters_shape = (3, 3, 256, 512),
                                          trainable = trainable, name = 'conv26', downsample = True)
        #第 4 个跳过连接块
        for i in range(8):
            input_data = common.residual_block(input_data, 512, 256, 512, trainable = trainable, name = 'residual%d' % (i + 11))
        #多尺度输出
        route_2 = input_data
```

```python
        input_data = common.convolutional(input_data, filters_shape = (3, 3, 512, 1024),
                          trainable = trainable, name = 'conv43', downsample = True)
# 第5个跳过连接块
        for i in range(4):
            input_data = common.residual_block(input_data, 1024, 512, 1024, trainable = trainable, name = 'residual%d' %(i + 19))

        return route_1, route_2, input_data
# 训练代码
class YoloTrain(object):
    def __init__(self):
# 参数设置
        self.anchor_per_scale = cfg.YOLO.ANCHOR_PER_SCALE
        self.classes = utils.read_class_names(cfg.YOLO.CLASSES)
        self.num_classes = len(self.classes)
        self.learn_rate_init = cfg.TRAIN.LEARN_RATE_INIT
        self.learn_rate_end = cfg.TRAIN.LEARN_RATE_END
        self.first_stage_epochs = cfg.TRAIN.FISRT_STAGE_EPOCHS
        self.second_stage_epochs = cfg.TRAIN.SECOND_STAGE_EPOCHS
        self.warmup_periods = cfg.TRAIN.WARMUP_EPOCHS
        self.initial_weight = cfg.TRAIN.INITIAL_WEIGHT
        self.time = time.strftime('%Y-%m-%d-%H-%M-%S', time.localtime(time.time()))
        self.moving_ave_decay = cfg.YOLO.MOVING_AVE_DECAY
        self.max_bbox_per_scale = 150
        self.train_logdir = "./data/log/train"
        self.trainset = Dataset('train')
        self.testset = Dataset('test')
        self.steps_per_period = len(self.trainset)
        self.sess = tf.Session(config = tf.ConfigProto(allow_soft_placement = True))

        with tf.name_scope('define_input'):
            self.input_data = tf.placeholder(dtype = tf.float32, name = 'input_data')
            self.label_sbbox = tf.placeholder(dtype = tf.float32, name = 'label_sbbox')
            self.label_mbbox = tf.placeholder(dtype = tf.float32, name = 'label_mbbox')
            self.label_lbbox = tf.placeholder(dtype = tf.float32, name = 'label_lbbox')
            self.true_sbboxes = tf.placeholder(dtype = tf.float32, name = 'sbboxes')
            self.true_mbboxes = tf.placeholder(dtype = tf.float32, name = 'mbboxes')
            self.true_lbboxes = tf.placeholder(dtype = tf.float32, name = 'lbboxes')
            self.trainable = tf.placeholder(dtype = tf.bool, name = 'training')

        with tf.name_scope("define_loss"):
            # 模型加载为前面定义的 YOLOv3 网络
            self.model = YOLOV3(self.input_data, self.trainable)
            self.net_var = tf.global_variables()
```

```python
        # 计算损失(置信度、位置、类别概率)
        self.giou_loss, self.conf_loss, self.prob_loss = self.model.compute_loss(
                    self.label_sbbox, self.label_mbbox, self.label_lbbox,
                    self.true_sbboxes, self.true_mbboxes, self.true_lbboxes)
        self.loss = self.giou_loss + self.conf_loss + self.prob_loss
        # 训练参数设置
        with tf.name_scope('learn_rate'):
            self.global_step = tf.Variable(1.0, dtype = tf.float64, trainable = False, name = 'global_step')
            warmup_steps = tf.constant(self.warmup_periods * self.steps_per_period,
                                        dtype = tf.float64, name = 'warmup_steps')
            train_steps = tf.constant( (self.first_stage_epochs + self.second_stage_epochs) * self.steps_per_period, dtype = tf.float64, name = 'train_steps')
            self.learn_rate = tf.cond(pred = self.global_step < warmup_steps,
                    true_fn = lambda: self.global_step / warmup_steps * self.learn_rate_init,
                    false_fn = lambda: self.learn_rate_end + 0.5 * (self.learn_rate_init - self.learn_rate_end) * 1 + tf.cos( (self.global_step - warmup_steps) / (train_steps - warmup_steps) * np.pi)))
            global_step_update = tf.assign_add(self.global_step, 1.0)
        # 是否使用学习了衰减
        with tf.name_scope("define_weight_decay"):
            moving_ave = tf.train.ExponentialMovingAverage(self.moving_ave_decay).apply(tf.trainable_variables())

        with tf.name_scope("define_first_stage_train"):
            self.first_stage_trainable_var_list = []
            for var in tf.trainable_variables():
                var_name = var.op.name
                var_name_mess = str(var_name).split('/')
                if var_name_mess[0] in ['conv_sbbox', 'conv_mbbox', 'conv_lbbox']:
                    self.first_stage_trainable_var_list.append(var)
        # 第一阶段优化器
            first_stage_optimizer = tf.train.AdamOptimizer(self.learn_rate).minimize(self.loss, var_list = self.first_stage_trainable_var_list)
            with tf.control_dependencies(tf.get_collection(tf.GraphKeys.UPDATE_OPS)):
                with tf.control_dependencies([first_stage_optimizer, global_step_update]):
                    with tf.control_dependencies([moving_ave]):
                        self.train_op_with_frozen_variables = tf.no_op()
        # 第二阶段优化器
            with tf.name_scope("define_second_stage_train"):
                second_stage_trainable_var_list = tf.trainable_variables()
                second_stage_optimizer = tf.train.AdamOptimizer(self.learn_rate).minimize(self.loss, var_list = second_stage_trainable_var_list)

            with tf.control_dependencies(tf.get_collection(tf.GraphKeys.UPDATE_OPS)):
```

```python
                with tf.control_dependencies([second_stage_optimizer, global_step_update]):
                    with tf.control_dependencies([moving_ave]):
                        self.train_op_with_all_variables = tf.no_op()
        # 模型保存
        with tf.name_scope('loader_and_saver'):
            self.loader = tf.train.Saver(self.net_var)
            self.saver = tf.train.Saver(tf.global_variables(), max_to_keep = 10)

        with tf.name_scope('summary'):
            tf.summary.scalar("learn_rate", self.learn_rate)
            tf.summary.scalar("giou_loss", self.giou_loss)
            tf.summary.scalar("conf_loss", self.conf_loss)
            tf.summary.scalar("prob_loss", self.prob_loss)
            tf.summary.scalar("total_loss", self.loss)

            logdir = "./data/log/"
            if os.path.exists(logdir): shutil.rmtree(logdir)
            os.mkdir(logdir)
            self.write_op = tf.summary.merge_all()
            self.summary_writer = tf.summary.FileWriter(logdir, graph = self.sess.graph)
    # 训练
    def train(self):
        self.sess.run(tf.global_variables_initializer())
        try:
            print('=> Restoring weights from: %s ... ' % self.initial_weight)
            self.loader.restore(self.sess, self.initial_weight)
        except:
            print('=> %s does not exist !!!' % self.initial_weight)
            print('=> Now it starts to train YOLOV3 from scratch ...')
            self.first_stage_epochs = 0
        # 训练轮次
        for epoch in range(1, 1 + self.first_stage_epochs + self.second_stage_epochs):
            if epoch <= self.first_stage_epochs:
                train_op = self.train_op_with_frozen_variables
            else:
                train_op = self.train_op_with_all_variables

            pbar = tqdm(self.trainset)
            train_epoch_loss, test_epoch_loss = [], []
        # 对训练集数据训练
            for train_data in pbar:
                _, summary, train_step_loss, global_step_val = self.sess.run(
                    [train_op, self.write_op, self.loss, self.global_step], feed_dict = {
                                                self.input_data:   train_data[0],
                                                self.label_sbbox:  train_data[1],
```

```python
                                    self.label_mbbox: train_data[2],
                                    self.label_lbbox: train_data[3],
                                    self.true_sbboxes: train_data[4],
                                    self.true_mbboxes: train_data[5],
                                    self.true_lbboxes: train_data[6],
                                    self.trainable: True,
            })
            train_epoch_loss.append(train_step_loss)
            self.summary_writer.add_summary(summary, global_step_val)
            pbar.set_description("train loss: %.2f" % train_step_loss)
# 对测试集数据测试
        for test_data in self.testset:
            test_step_loss = self.sess.run( self.loss, feed_dict = {
                                    self.input_data: test_data[0],
                                    self.label_sbbox: test_data[1],
                                    self.label_mbbox: test_data[2],
                                    self.label_lbbox: test_data[3],
                                    self.true_sbboxes: test_data[4],
                                    self.true_mbboxes: test_data[5],
                                    self.true_lbboxes: test_data[6],
                                    self.trainable: False,
            })
            test_epoch_loss.append(test_step_loss)
# 计算训练和测试损失
        train_epoch_loss, test_epoch_loss = np.mean(train_epoch_loss), np.mean(test_epoch_loss)
            # 保存检查点
        ckpt_file = "./checkpoint/yolov3_test_loss = %.4f.ckpt" % test_epoch_loss
        log_time = time.strftime('%Y-%m-%d %H:%M:%S', time.localtime(time.time()))
        self.saver.save(self.sess, ckpt_file, global_step = epoch)
```

第 13 章 人脸识别：传统方法 VS 深度学习

从古至今，人脸识别一直是计算机视觉中重要的应用，无论是传统的计算机视觉，还是现在的深度学习，人脸识别都是实实在在可以应用到生活中的场景，而且识别准确率也相当高。特别是对于深度学习，暂时可以落地的场景其实并不多，而人脸识别恰恰是其中可以落地的并且有大量需求的场景。本章我们就来回顾人脸识别的历史发展，对比不同时代的算法，掌握人脸识别的原理。图 13-1 展示了人脸识别示例图。

图 13-1　人脸识别示例图

13.1　人脸识别技术的历史

人脸识别是一种基于人脸特征进行身份识别的技术，又称为人像识别、面像识别、面部识别等。通常我们所说的人脸识别是基于光学人脸图像的身份识别与验证的简称。人脸识别利用含有人脸的图像或视频，自动在其中检测和跟踪人脸，从而对检测到的人脸进行一系列的操作。其过程包括采集图像、定位特征、确认身份等。简而言之，就是从图像中提取人脸特征，例如眼睛、鼻子、嘴巴等，再通过特征的对比输出身份。

人脸识别的历史常常分为三个阶段。

1. 1950—1980 年

人脸识别被当作一个模式识别问题,人们主要研究人脸的几何特征。其中重点为人们对于剪影的研究,当时研究人员对面部剪影曲线的几何特征进行了大量提取与分析。神经网络也曾经一度被人们用于人脸识别中。此领域的代表人物有布莱索(Bledsoe)、戈登斯泰因(Goldstein)、哈蒙(Harmon),以及金出武雄(Kanade Takeo)等。但是,这一阶段人脸识别效果一般,没有获得实际应用。

2. 1990—2000 年

这一阶段尽管与上一阶段相比时间很短,但人脸识别却发展迅速,不但出现了很多传统计算机视觉的方法,例如本征脸方法、费舍尔脸方法和弹性图匹配等;并出现了商用的人脸识别系统,例如 FaceIt 系统。从解决方案上看,2D 人脸图像线性子空间判别分析、统计模式识别方法是这一阶段人们关注的重点。

3. 21 世纪以来

从此阶段开始,人们开始关注面向真实人脸的识别问题,主要包括以下四个方面:①提出多样的空间模型,包括以线性判别分析(LDA)为代表的线性方法和以核方法为代表的非线性方法,以及基于三维信息的三维人脸识别方法。②深入分析和研究影响人脸识别效果的因素,包括光照不变性、姿态不变性和表情不变性等。③利用新的特征,包括局部描述子、传统机器学习方法,以及深度学习方法。④利用新的数据,例如存在人脸的视频、素描、近红外图像的人脸。图 13-2 展示了三维人脸重建示例图。

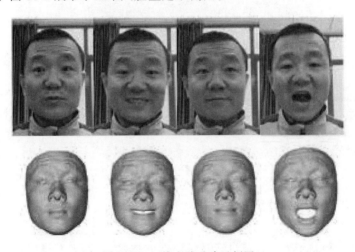

图 13-2　三维人脸重建示例图

13.2　人脸识别技术的发展前景

人脸识别的发展前景如何呢?市场是否已经饱和了呢?图 13-3 展示了全球人脸识别市场规模。我们可以很明显地看出,人脸识别的需求逐年上升,在中国就更是如此了。包括我们现在国内的"AI 四小龙",基本也是以人脸识别为主要任务,如图 13-4 所示。

现代人脸识别系统往往只需要用户处于相机的视野内(刷脸),这使得人脸识别成为对用户最友好的生物识别方法。因此,人脸识别的潜在应用范围更广,常见应用包括访问控制、监控、欺诈检测、身份认证、刷脸支付和社交媒体等。

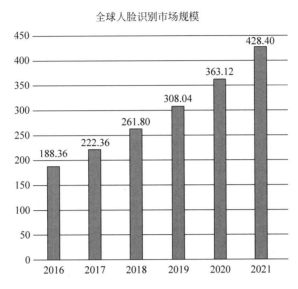

图 13-3　全球人脸识别市场规模,来自 https://www.jianshu.com/p/639e3f8b7253

各公司实际领先的细分领域	
旷视科技	支付宝(刷脸登录)、园区门禁考勤、智能分析等商业应用;向机器人转型
商汤科技	主要提供SDK、API服务,拥有关键点贴图等商业应用(faceu、直播美化);向2B应用转型
云从科技	银行、公安、机场、火车站等应用行业应用(农行超级柜台、建行校园e银行、广东省公安厅等);继续深耕2B行业
依图科技	公安行业应用(福建省公安厅);向智慧医疗转型

图 13-4　AI 四小龙的人脸识别业务

13.3　人脸识别技术主要流程

13.3.1　人脸识别的主要流程

第一步就是人脸采集,这一步很重要而且需要考虑多个方面:①图像大小适中,一般来说人脸的大小至少需要像素为 60×60 以上。②较高的图像分辨率。③合适的光照环境,不能过亮或过暗。④模糊程度较低,特别是动态人脸。⑤遮挡物较少,一般需要五官无遮挡。⑥采集角度正面最佳。

有了人脸图像,接下来我们需要标定出人脸的位置和大小,一般用一个矩形框来标记。然后,我们会提取重要的特征,例如我们之前介绍的颜色直方图、颜色特征、角点特征、Haar特征等。

特征提取的方式很多:①基于几何特征法:根据人脸的形状来获得用于分类的特征数据,其特征通常包括特征点间的距离、曲率和角度等。人脸由两只眼睛、一个鼻子、一张嘴、两个耳朵等局部结构构成,对这些局部结构的几何描述(也叫作几何特征),可作为识别人脸的重要特征。②基于统计学的表征方法:原理是将人脸在空间域内的高维表达转化为其他空间内的低维表达,常用线性投影方法和非线性投影方法。线性投影方法主要有主成分法和线性判别分析法。非线性投影方法主要有核方法和光流法。③机器学习方法,无须人指导,直接利用传统机器学习或是神经网络方法提取特征。

有了特征之后,自然就是特征分类,最早使用 Adaboost 学习算法,挑选出最能代表人脸的特征,现在的主要框架有:viola-jones 框架、DPM 框架、CNN 框架。效果都已经达到或者超过人的水平。

最后,将提取的特征与存储的特征模板进行搜索匹配(或通过训练好的机器学习模型),得出人脸的概率,当概率大于一定的阈值时,识别为人脸。图 13-5 展示了人脸识别主要流程。

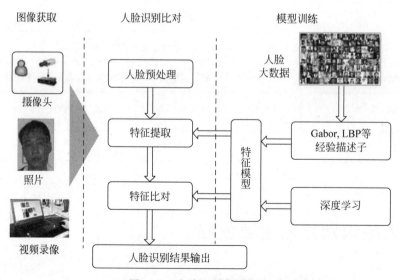

图 13-5 人脸识别主要流程

13.3.2 人脸识别的主要方法

1. 基于几何特征的方法

由 Kelly 和 Kanade 最早提出,现在已经几乎不用了,原理是利用人脸的几何特征包括五官的形状和它们之间的几何关系(通常为各种距离)。这些算法的优点是识别速度快,需要的内存小,但是由于人的五官相差很大,所以识别率较低,同时,早期的算法用的数据集也很小(只有几十个不同的人脸集合)。近年来,基于几何特征的方法被证明在三维人脸识别中有效。

2. 特征脸方法

由 MIT 的 Turk 和 Pentland 在 1991 年提出的人脸识别算法,基本思想为以图像中的一个像素为原始维度单位,找到一种变换将其转到另一个空间中,在目标空间里,人脸特征能得到最好的区分。简单地说,就是一个主成分分析(PCA)过程,将人脸降维到主要特征空间。此方法主要用于模版匹配,即识别的人脸在数据库中已经存在的情况。

具体的算法步骤如下:

(1) 将所有人脸图像变成 N×1 的向量,然后将所有人脸向量组成矩阵 M。

(2) 对矩阵 M 做归一化。

(3) 求矩阵 M 的协方差矩阵 C。

(4) 求协方差矩阵 C 的特征值和特征向量,并将最大的 R 个特征值对应的特征向量按行组成矩阵 P,此时 P 就是算法希望找到的空间变换。

【代码 13-1】

```python
# 特征脸方法
import os
import sys
import cv2
import numpy as np
# 存储关于每张图片对应的标签
label = {}
# 存储用来进行测试的图片
dateset = []
def normalize(X, low, high, dtype = None):
    """
    对数据进行标准化处理.
    """
    X = np.asarray(X)
    minX, maxX = np.min(X), np.max(X)
    # normalize to [0...1].
    X = X - float(minX)
    X = X / float((maxX - minX))
    # scale to [low...high].
```

```python
        X = X * (high - low)
        X = X + low
    if dtype is None:
        return np.asarray(X)
    return np.asarray(X, dtype = dtype)

def read_images(path, sz = None):
    """
    从文件夹中读取图像
    """
    c = 0
    X, y = [], []
    for dirname, dirnames, filenames in os.walk(path):
        for subdirname in dirnames:
            subject_path = os.path.join(dirname, subdirname)
            for filename in os.listdir(subject_path):
                try:
                    im = cv2.imread(os.path.join(subject_path, filename), cv2.IMREAD_GRAYSCALE)
                    #重置图片大小
                    if (sz is not None):
                        im = cv2.resize(im, sz)
                    #同一个人训练集放五张,其余放测试集
                    if y.count(c) > 4:
                        dataset.append({'no':c,'src':np.asarray(im, dtype = np.uint8)})
                    else:
                        X.append(np.asarray(im, dtype = np.uint8))
                        y.append(c)
                    global label
                    label[os.path.join(subject_path, filename)] = c
                except IOError, (errno, strerror):
                    print "I/O error({0}): {1}".format(errno, strerror)
                except:
                    print "Unexpected error:", sys.exc_info()[0]
                    raise
            c = c + 1
    return [X, y]

def prediction(model):
    """
    图像预测
    """
    #识别正确的图片数
    tn = 0
    for item in dateset:
```

```
            [p_label, p_confidence] = model.predict(cv2.resize(item['src'],(92,112)))
            if p_label == item['no']:
                tn = tn + 1
            else:
                print('the answer is:', item['no'])
                print('Predicted label = ', p_label )

if __name__ == "__main__":
    #输出图像路径
    out_dir = None
    #输入图像路径
    if len(sys.argv) < 2:
        print "USAGE: face_rec.py </path/to/images> [</path/to/store/images/at>]"
        sys.exit()
    #读取图像
    [X,y] = read_images(sys.argv[1], (92, 112))
    y = np.asarray(y, dtype = np.int32)
    if len(sys.argv) == 3:
        out_dir = sys.argv[2]
    #生成特征脸模型
    model = cv2.createEigenFaceRecognizer()
    #训练
    model.train(np.asarray(X), np.asarray(y))
#图片预测
prediction(model)
```

3. 渔夫脸方法

由 Belhumeur 提出,在特征脸的基础上,加入线性判别分析方法,该方法目前仍然是主流的人脸识别方法之一。基本思想是同一人脸由于光照条件和角度变化带来的差异往往要大于不同人脸之间的差异,所以要将这些特征删除,方法就是运用线性判别分析,使得类内(相同人脸)的散度最小。同样,此方法主要用于模版匹配。

具体的算法步骤如下:

(1) 将所有人脸图像变成 $N \times 1$ 的向量。

(2) 应用 PCA 降维(与特征脸方法类似),得到人脸向量 x_n。

(3) 对所有图像求平均得到 μ。

(4) 对每一类(同一人脸)做平均得到:μ_i。

(5) 计算类间散度:$S_B = \sum N_i (\mu_i - \mu)(\mu_i - \mu)^T$,$N_i$ 为 i 类的数量。

(6) 计算类内散度:$S_w = \sum \sum_{x_k \in i类} (x_k - \mu_i)(x_k - \mu_i)^T$。

(7) 对目标函数(投影矩阵)求极值:$W = \text{argmax} \dfrac{|W^T S_B W|}{|W^T S_w W|}$。

【代码 13-2】

```python
#渔夫脸方法
import sys
import os
import cv2
import numpy as np

class SkinDetector():
    """
    对颜色空间取阈值
    """
    def _R1(self,BGR):
        B = BGR[:,:,0]
        G = BGR[:,:,1]
        R = BGR[:,:,2]
        e1 = (R>95) & (G>40) & (B>20) & ((np.maximum(R,np.maximum(G,B)) - np.minimum(R,np.minimum(G,B)))>15) & (np.abs(R-G)>15) & (R>G) & (R>B)
        e2 = (R>220) & (G>210) & (B>170) & (abs(R-G)<=15) & (R>B) & (G>B)
        return (e1|e2)

    def _R2(self,YCrCb):
        Y = YCrCb[:,:,0]
        Cr = YCrCb[:,:,1]
        Cb = YCrCb[:,:,2]
        e1 = Cr <= (1.5862*Cb+20)
        e2 = Cr >= (0.3448*Cb+76.2069)
        e3 = Cr >= (-4.5652*Cb+234.5652)
        e4 = Cr <= (-1.15*Cb+301.75)
        e5 = Cr <= (-2.2857*Cb+432.85)
        return e1 & e2 & e3 & e4 & e5

    def _R3(self,HSV):
        H = HSV[:,:,0]
        S = HSV[:,:,1]
        V = HSV[:,:,2]
        return ((H<25) | (H>230))

    def detect(self, src):
        if np.ndim(src) < 3:
            return np.ones(src.shape, dtype=np.uint8)
        if src.dtype != np.uint8:
            return np.ones(src.shape, dtype=np.uint8)
        srcYCrCb = cv2.cvtColor(src, cv2.COLOR_BGR2YCR_CB)
        srcHSV = cv2.cvtColor(src, cv2.COLOR_BGR2HSV)
        skinPixels = self._R1(src) & self._R2(srcYCrCb) & self._R3(srcHSV)
```

```python
        return np.asarray(skinPixels, dtype = np.uint8)
class CascadedDetector():
    """
    利用OpenCV函数构建检测器，可调参数：scaleFactor、minNeighbors、minSize
    """
    def __init__(self, cascade_fn = "./cascades/haarcascade_frontalface_alt2.xml",
scaleFactor = 1.2, minNeighbors = 5, minSize = (30,30)):
        if not os.path.exists(cascade_fn):
            raise IOError("No valid cascade found for path = %s." % cascade_fn)
        self.cascade = cv2.CascadeClassifier(cascade_fn)
        self.scaleFactor = scaleFactor
        self.minNeighbors = minNeighbors
        self.minSize = minSize

    def detect(self, src):
        if np.ndim(src) == 3:
            src = cv2.cvtColor(src, cv2.COLOR_BGR2GRAY)
            src = cv2.equalizeHist(src)
        rects = self.cascade.detectMultiScale(src, scaleFactor = self.scaleFactor,
minNeighbors = self.minNeighbors, minSize = self.minSize)
        if len(rects) == 0:
            return np.ndarray((0,))
        rects[:,2:] += rects[:,:2]
        return rects

class SkinFaceDetector(Detector):
    """
    只接受与肤色相近的候选人脸
    """
    def __init__(self, threshold = 0.3, cascade_fn = "./cascades/haarcascade_frontalface_
alt2.xml", scaleFactor = 1.2, minNeighbors = 5, minSize = (30,30)):
        self.faceDetector = CascadedDetector(cascade_fn = cascade_fn, scaleFactor =
scaleFactor, minNeighbors = minNeighbors, minSize = minSize)
        self.skinDetector = SkinDetector()
        self.threshold = threshold

    def detect(self, src):
        rects = []
        for i,r in enumerate(self.faceDetector.detect(src)):
            x0,y0,x1,y1 = r
            face = src[y0:y1,x0:x1]
            skinPixels = self.skinDetector.detect(face)
            skinPercentage = float(np.sum(skinPixels)) / skinPixels.size
            print skinPercentage
            if skinPercentage > self.threshold:
                rects.append(r)
```

```
            return rects
if __name__ == "__main__":
    #输入图像
    if len(sys.argv) < 2:
        raise Exception("No image given.")
    inFileName = sys.argv[1]
    outFileName = None
    #输出目录
    if len(sys.argv) > 2:
        outFileName = sys.argv[2]
    if outFileName == inFileName:
        outFileName = None
    #开始检测
    img = np.array(cv2.imread(inFileName), dtype = np.uint8)
    imgOut = img.copy()
    detector = CascadedDetector(cascade_fn = "haarcascade_frontalface_alt2.xml所在目录")
    eyesDetector = CascadedDetector(scaleFactor = 1.1, minNeighbors = 5, minSize = (20,20),
cascade_fn = "haarcascade_eye.xml所在目录")
    for i,r in enumerate(detector.detect(img)):
        x0,y0,x1,y1 = r
        cv2.rectangle(imgOut, (x0,y0),(x1,y1),(0,255,0),1)
        face = img[y0:y1,x0:x1]
        for j,r2 in enumerate(eyesDetector.detect(face)):
            ex0,ey0,ex1,ey1 = r2
            cv2.rectangle(imgOut, (x0 + ex0, y0 + ey0),(x0 + ex1, y0 + ey1),(0,255,0),1)
    #显示图片
    if outFileName is None:
        cv2.imshow("faces", imgOut)
        cv2.waitKey(0)
    cv2.imwrite(outFileName, imgOut)
```

4. 基于弹性图匹配

Wiskott 于 1997 年使用 Gabor 小波对人脸图像进行处理,将人脸表达成由若干个特征点构成的并具有一定拓扑结构信息的人脸弹性图。图的顶点代表关键特征点(Jet),边的属性则为不同特征点之间的关系。对任意人脸图像,此方法通过一种优化搜索策略来提取面部关键特征点的特征,得到对应的人脸弹性图,然后匹配其与已知人脸弹性图的相似度。此方法既保留了全局特征,又使用了关键局部特征。

Gabor 小波是以任意一个高斯函数作为窗口函数的波函数。一个图像像素与不同 Gabor 核卷积后的系数集合称为一个 Jet(一般为 40 个系数)。一个 Jet 描述了一个像素周围一小块的灰度。

之所以用 Gabor 小波,是因为其具有与人类大脑皮层的二维反射区相同的特性,即能够捕捉到空间的局部结构信息。Gabor 小波的特性使得其对于亮度变化和人脸的不同表情不敏感,从而增加了人脸识别的准确率。

搜索步骤：

(1) 对每个特征点，从图像中定位其粗略位置(x_i, y_i)。

(2) 在已标准化的人脸图像中计算出(x_i, y_i)处的 Gabor 变换系数 J_i。

(3) 将 J_i 与模版中的该特征点进行比较，其中相似度最高的为候选者 J_i'，计算其位置误差 $d_i = J_i' - J_i$，则特征点的精确位置修正为$(x_i', y_i') = (x_i, y_i) + d_i$。

(4) 重复(1)~(3)，可得到一幅人脸图像上各个特征点的精确位置(x_i', y_i')，对这些点求出其 Gabor 系数，最后用这些 Gabor 系数来表示人脸图像，如图 13-6 所示。

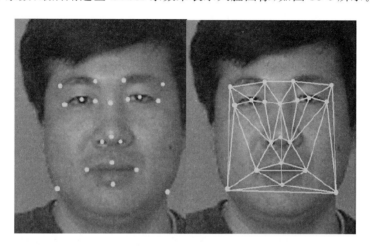

图 13-6　人脸图示例

5. 基于支持向量机(SVM)的方法

在传统的人脸识别模型中，SVM 经常被用来作为分类器。但是，SVM 分类器不包含提取特征步骤，所以提取特征步骤还需要由前面描述的一些方法完成。一般来说，SVM 分类器训练为一个二分类器(人脸和非人脸)，当然也可以每一类训练一个 SVM 分类器(判断是否为此类)。一般来说，SVM 分类器比只提取特征+匹配模版的做法准确率高一些。缺点是需要大量的样本，训练时间长。

6. 基于神经网络的方法

与其他方法不同，基于神经网络的方法往往直接输入图像，不需要人为提取特征，甚至可以训练较低分辨率的图像，当然也可以输入局部区域特征、局部纹理特征等。对特征要求不高，但是往往需要大量的训练样本，近年来，随着深度学习的兴起，神经网络方法越来越受到欢迎。

13.3.3　人脸识别的技术指标

如何评价人脸识别的效果呢？一般来说，我们会用以下几个指标：

(1) 检测率：识别正确的人脸数量占所有人脸的比例。

(2) 误检率：识别错误的人脸数量占识别为人脸的比例。

(3) 漏检率：未识别出来的人脸占所有人脸的比例。显然，漏检率＝1－检测率。

(4) 速度：单张人脸图像检测所用的平均时间。

(5) 错误接受率：指将不同的人脸判别为相同身份，这一指标非常重要，此错误风险极大，实际使用中需要小于万分之一。

(6) 错误拒绝率：指将相同的人脸判别为不同身份。

下面举个例子来详细说明，一共有 100 张人脸图像，算法检测出 90 张人脸，其中 85 张是真实人脸，5 张是把别的东西误识为人脸，所以算法的检测率为(85/100＝)0.85，误检率为(5/90)＝0.18，漏检率为(15/100＝)0.15。

如果 100 张图像为 100 个不同的人，类间比较一共需要进行(100×99＝)9900 次(每两张图片比较一次)，假设其中一次将两张图片识别为一个人，则错误接受率为 1/9900，类内比较一共需要进行 100 次(每张图片识别一次)，如果其中一次将图片识别为另一个人，则错误拒绝率 1/100。

13.4 深度学习方法

近年来，基于深度学习的人脸识别异军突起，其中，卷积神经网络是人脸识别中最常用的深度学习方法。为什么深度学习如此之火呢？其主要优势是可用大量数据来训练，从而自动地学到图像中的关键人脸特征。换句话说，这种方法不需要人为设计对不同类型的人脸(例如不同光照条件、不同性别、不同年龄等)都有效的特征，而是可以通过从大量训练数据中自动学到它们。当然，正所谓成也萧何，败也萧何，深度学习的主要瓶颈也是需要使用大量标注的数据集来训练，而图像标签标注往往由人来进行，所以需要大量的人力成本。幸运的是，一些包含人脸图像的大规模数据集已被开源，人们可以用它们来训练自己的深度学习模型。

用于人脸识别的深度学习模型有多种多样的训练方法：①作为物体分类问题，图像中的每张人脸都对应一个类别(或者所有人脸为一个类别)。这种问题一般会训练一个卷积神经网络，训练完整个网络之后，去除最后的全连接层，此时网络最后一层的特征为人脸特征。在深度学习中，这些特征被称为瓶颈特征。对于不存在训练集中的人脸，可以通过这些特征进行判别。在第一次训练完后，模型可以进一步训练，来优化瓶颈特征(例如贝叶斯优化或使用不同的损失函数来微调模型)。②通过计算人脸组合之间的距离来学习瓶颈特征。③作为目标检测问题，将人脸框作为目标检测物体进行检测。能检测到人脸框则完成了人脸识别。

用于人脸识别的最早的深度学习方法中不得不提 Facebook 发明的 DeepFace 网络，如图 13-7 所示，这是用于人脸识别的卷积神经网络方法之一，在 LFW(Labeled Faces in the Wild database)数据集上实现了 97.35% 的准确率，较之前最佳模型提升了 27%。网络使用交叉熵损失和包含 440 多万张人脸(来自四千多个人)的数据集。本深度学习方法的创新点为：①基于 3D 人脸建模的人脸对齐系统。②包含局部连接层的卷积神经网络架构，这些层可以从图像中的每个区域学到不同的特征。另外，DeepFace 通过不同的输入(RGB 图像、灰度图像、3D 对齐图像等)训练 60 个不同的卷积神经网络，然后将它们聚合在一起，形成一个集成学习的方式,从而提高了准确率。

图 13-7　DeepFace 网络示例图

对于基于深度学习的人脸识别方法,影响准确度的主要因素有：训练数据集、卷积神经网络设计和损失函数设计。对于深度学习模型,往往需要大量数据训练来防止过拟合。一般而言,物体分类任务的准确度会随每类样本数量的增加而提升(但是提升越来越小)。这是由于深度学习模型参数很多(几亿个甚至更多),所以需要大量数据来防止过拟合。对于人脸识别这个问题,我们更感兴趣的是如何提取出能够泛化到训练集中没有的人脸的特征。因此,用于人脸识别的数据集还需要包含大量不同的人,这样模型才能学习到更多类间差异。人们研究了不同人的数量对人脸识别准确度的影响,结果为：如果总数据集的图像数量相等,则更宽的数据集能得到更高的准确度(如果一个数据集包含更多人,则认为它更宽)。这是因为更宽的数据集包含更多的类间差异,因而能更好地泛化。图 13-8 展示了最常用于训练人脸识别的公开数据集。可以看出,数据集中人脸的数量非常多,最少的也有20 万个,最多的达到 1000 万个,而人的数量也达到 10 万个。

数据集	图像	物体	每个物体多少图像
CelebFaces+[9]	202 599	10 177	19.9
UMDFaces[14]	367 920	8 501	43.3
CASIA-WebFace[10]	494 414	10 575	46.8
VGGFace[11]	2.6M	2 622	1 000
VGGFace2[15]	3.31M	9 131	362.6
MegaFace[13]	4.7M	672 057	7
MS-Celeb-1M[12]	10M	100 000	100

图 13-8　常用人脸识别公开数据集

用于人脸识别的卷积神经网络结构往往借鉴在 ImageNet 视觉识别挑战赛(ILSVRC)上表现优异的网络,如 GoogleNet、VGG16 等。近年来,残差网络(ResNet)已经成为目标识别任务的新宠,其中当然也包括人脸识别。残差网络的主要创新点是跳过连接,如图 13-9 所示。此方法使得网络可以更深而不用担心梯度消失或下降的问题。现在,ResNet101 为准确度、速度和模型大小之间权衡的最佳模型。

虽然基于交叉熵损失的深度学习网络已经取得了很好的效果(效果超过人类),但是如何选择更合适的损失函数依旧成为人脸识别最活跃的研究领域之一,原因是其交叉熵损失的泛化性不高,从而无法降低类内差异。有一些新的方法,如使用判别式子空间、联合贝叶斯、使用度量学习、使用配对的对比损失等。度量学习中最常用的是三元组损失函数,目标是以一定间隔分开正样本对之间的距离和负样本对之间的距离。对于每个三元组,需要满足式(13-1):

$$|f(x_a)-f(x_p)|+\alpha<|f(x_a)-f(x_n)| \tag{13-1}$$

其中 x_a 为参照人脸数据,x_p 为同一人的人脸数据,x_n 为另一人的人脸数据。f 为学到的映射函数,由于三元组数量非常巨大(数据量的三次方),训练速度很慢,所以常见的做法是在第一个训练阶段使用交叉熵损失训练,然后在第二个训练阶段使用三元组损失来进行微调。度量方式也可以进行变化,如使用点积、概率式三元组损失、中心损失等方法代替欧式距离。

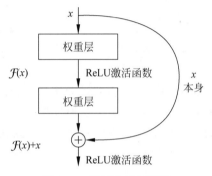

图 13-9　跳过连接示意图

另一种应用于人脸识别的度量学习方法是范围损失,这是为解决数据集不平衡问题而提出的。在范围损失中,类内最小化同一类样本之间的 k-最大距离,而类间最大化每个批次中距离最近的两个类中心之间的距离。通过优化这些极端情况,无论每个类别中有多少样本,范围损失都使得每个类使用同样的数据。

当不同的损失函数互相结合时,会出现一个问题,即寻找各项之间的平衡方法。最近,有人提出了几种修改交叉熵损失的方法,这样它无须与其他损失结合也能学习得较好。例如特征归一化,归一化特征使其具有单位 L2 范数、零均值和单位方差。甚至可以在两类的决策边界中引入一个额外的间隔,如图 13-10 所示,此间隔可以有效地增大类间的区分程度,以及类内的紧凑性。除了乘法间隔外,还可以使用加法间隔,效果更佳。

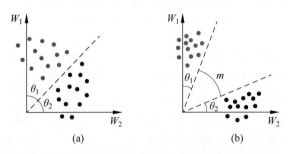

图 13-10　在两类的决策边界中引入间隔 m 示意图

深度学习在人脸识别中,最重要的模型莫过于谷歌的匠心之作:Facenet。Facenet 可以说是一个通用的人脸识别系统，既可以判别人脸是否属于同一人（人脸验证），又可以准确地识别这个人的身份（人脸识别），效果非常好，其在 LFW 数据集上的最高准确率达到了 99.63%，可以说是人脸识别领域的巅峰。

Facenet 的网络结构经历了几次变化，如图 13-11 所示，最早的时候使用经典的 Zeiler&Fergus 架构，然后使用的是 Inception 网络，最新使用的是 Inception＋Resnet 结构，如图 13-12 所示。最新的网络结构，主体模型由多个带有跳过连接的 Inception 模块组成。

图 13-11　Facenet 的网络结构示意图，来自 https://zhuanlan.zhihu.com/p/70110691

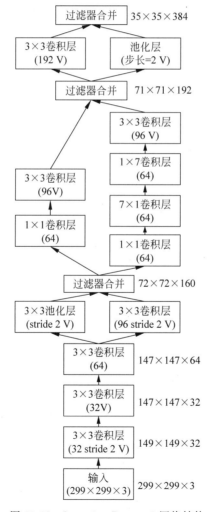

图 13-12　Inception-Resnetv2 网络结构

在图像经过卷积神经网络提取特征后,经过特征归一化层,使得特征的二范数(L2 norm)为 1。这个做法的好处是消除了图像的周围环境带来的影响。然后经过 embedding 层,最后采用前面讲过的三元组损失函数。之所以用到 Resnet 中的跳过连接,就是为了使得我们可以训练更深的网络结构,从而提高训练速度。

FaceNet 的三元组选取策略与众不同,在训练过程中其会选择两种 hard 样本对(正样本和负样本),所谓 hard 就是指最苛刻的条件,在人脸识别中,表现为样本图片在自身样本集中找最不相似的图片,以及在别的样本集中找最相似的图片。当然,对于大量训练数据集,每步训练都要在整个数据集上计算最大值和最小值是很浪费时间的。因此,Facenet 设定在每训练 N 步过后,使用最新生成的网络来计算数据集里的两两差异,生成一些三元组,再进行下一步训练。同理,也可以使用小批次训练法,每个批次固定同一数量的正样本(例如都为 64 张)和随机负样本,对每个批次选取最大值和最小值就方便得多。当然,太大的批次会影响收敛速度,但是太小的批次又对选择三元组不利。经过多次实验,Facenet 默认的批次大小为 1800。与物体分类中常用的交叉熵损失比较,三元组损失直接对距离进行度量和优化,效果更明显。实际训练中,也可以对两者进行加权,并调整权值,达到最优。

FaceNet 已经开源,其中 TensorFlow 的版本在 https://github.com/davidsandberg/facenet,并且持续更新。

【代码 13-3】

```
#深度学习人脸识别方法
import os
import tensorflow as tf
from tensorflow.keras.models import Sequential
from tensorflow.keras.layers import Dense, Conv2D, Flatten, Dropout, MaxPooling2D
import cv2
import numpy as np
from sklearn.model_selection import train_test_split

faces_path = '人脸数据集位置'
imgs = []
labels = []
#读取数据
for filename in os.listdir(faces_path):
    if filename.endswith('.jpg'):
            filename = path + '/' + filename
        img = cv2.imread(filename)
        imgs.append(img)
        labels.append(filename[-1])
#将图片数据与标签转换成数组
imgs = np.array(imgs)
labels = np.array(labels)
```

```python
#划分训练集与测试集
train_x,test_x,train_y,test_y = train_test_split(imgs, labels, test_size = 0.2)
#统一人脸图像大小
train_x = train_x.reshape(train_x.shape[0], 100, 100, 3)
test_x = test_x.reshape(test_x.shape[0], 100, 100, 3)
#归一化
train_x = train_x.astype('float32')/255.0
test_x = test_x.astype('float32')/255.0

batch_size = 64
num_batch = len(train_x) //batch_size

#网络
model = Sequential([
    Conv2D(32, 3, padding = 'same', activation = 'relu', input_shape = (100, 100,3)),
MaxPooling2D(),
Dropout(0.5)
    Conv2D(64, 3, padding = 'same', activation = 'relu'),
MaxPooling2D(),
Dropout(0.5),
    Conv2D(64, 3, padding = 'same', activation = 'relu'),
MaxPooling2D(),
Dropout(0.5),
Conv2D(64, 3, padding = 'same', activation = 'relu'),
MaxPooling2D(),
Dropout(0.5),
    Flatten(),
    Dense(256, activation = 'relu'),
    Dense(1, activation = 'sigmoid')
])
#编译模型,输入优化器、损失函数
model.compile(optimizer = 'adam',
              loss = 'binary_crossentropy',
              metrics = ['accuracy'])
#训练
model.fit(train_x, train_y,epoch = 10, batchsize = 64)
#测试
model.eval(test_x, test_y)
```

13.5 人脸识别的挑战

1. 光照问题

这是机器视觉的重点问题,在人脸识别中尤为明显。由于人脸是三维结构,因此,光照投射出的阴影会加强或减弱重要的人脸特征。

解决方案：

（1）对图像进行光照照度分析，尝试建立光照模型，在人脸图像预处理阶段减少乃至消除其对识别性能的影响，设计算法将固有的人脸特征和光照等人脸非固有特征分离开来。

（2）使用数据增强方法，获得或者随机生成多个不同光照条件的训练样本。

2. 人脸姿态问题

姿态问题也是目前人脸识别研究中需要解决的一个技术难点。当人脸旋转时，会造成面部信息的部分缺失。目前多数的人脸识别算法主要针对正面人脸图像，当发生人脸大角度偏转时，人脸识别算法的效果会变差。

解决思路：

（1）使用数据增强方法，获得或者随机生成多个不同姿态的训练样本。

（2）基于不变特征的方法，即寻求那些不随姿态变化的特征。

3. 遮挡问题

对于非配合情况下的人脸图像采集，遮挡问题是一个非常严重的问题。特别是在监控环境下，往往被监控对象都会戴着眼镜、帽子等饰物，使被采集出来的人脸图像有可能不完整，从而影响了后面的特征提取与识别，甚至会导致人脸检测算法的失效。

4. 年龄变化问题

随着年龄的变化，人脸也在变化，特别是对于青少年，这种变化更加迅速且明显。因此，对于不同的年龄段，人脸识别的识别率也不尽相同。一个人随着年龄的增长，他的容貌可能会发生变化，从而导致识别率的下降。

5. 人脸相似性问题

不同人脸之间存在区别但是差异不大，例如所有人脸的结构都相似，甚至五官的结构都很相似。这样的特点对于人脸检测是有利的，但是对于利用人脸辨别身份是不利的。

6. 图像质量问题

由于采集设备的不同，得到的人脸图像质量也不一样，手机拍摄的图像往往存在分辨率低、噪声大、质量差等问题，如何进行有效人脸识别是个需要关注的问题。

7. 数据缺乏问题

基于深度学习的人脸识别是目前的主流算法，但是其需要大量的样本进行训练。特别是对于没有公开数据集的问题，如何解决小样本下的模型训练有待进一步研究。

8. 瓶颈问题

随着人脸数据量越来越大，人脸算法的性能并没随之得到提升，反而略有下降，如何设计新的算法来突破瓶颈，成为新的课题。

9. 动态识别问题

运动的人脸会导致面部图像模糊，从而严重影响人脸识别率。在地铁、高速公路口、机场等公共场所的安保和监控识别的使用中，这种困难明显突出。

10. 丢帧问题

网速限制可能会造成视频的丢帧现象,特别是监控人流量大的区域,由于网络传输的带宽问题和计算能力限制,常常引起丢帧问题。

11. 人脸防伪问题

现阶段伪造人脸图像进行识别很容易(蜂巢人脸识别系统最近被小学生攻破),随着三维面部识别技术、智能计算视觉技术的引入,伪造面部图像进行识别的成功率会大大降低。

第 14 章 基于深度学习的计算机视觉：生成模型

最近 AI 换脸火遍大江南北，可以一键将图像中的人脸换成另一个人的，这涉及计算机视觉的另一分支：生成模型，与前面所说的物体分类和目标检测不同，它的目的并非判别图像分类，而是想制造虚拟的图像，达到以假乱真的效果。有人可能会问，既然我们已经有了真实图像，为啥还需要虚拟的图像呢？有以下几个原因：①我们需要用更少的信息存储图像，举个例子，高清图片一张可能需要 1MB 甚至更多的存储空间，但是图像中大部分是无用信息，我们可以使用 1KB 甚至更小的一维向量来存储，然后经过特定的模型还原，当然还原的图片可能有可以忽略的偏差。②我们要创造更多的图片，如图 14-1 所示，例如 AI 换脸。③我们要创造不同风格的图片，例如将艺术家的画风迁移到我们自己的作品上，或者将不同的风格迁移到建筑物上。

本章会讲解不同的图像生成技术，包括自动编码器、风格迁移、GAN 对抗式生成网络等。

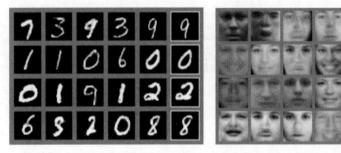

图 14-1　GAN 网络示例图，左右两图的最右列图像为生成的图像

14.1　自动编码器

自动编码器是一种有三层结构（每一层可能由多层结构组成）的神经网络：编码层、隐藏层和解码层，如图 14-2 所示。该网络的目的是重构其输入，使隐藏层学习到重要的特征。对于图像来说，自动编码器的目标是将图像 x 降低维度（编码层）后得到 x'（隐藏层），之后

学习一个函数 $f(x)=x'$（解码层），那么我们存储图片的时候就可以直接使用 x' 来有效地减小存储空间。它可以看成一种类似于降维的无监督模型，既然有原始图片，为什么是无监督模型呢？因为降低维度后得到 x' 是没有标准答案的，大小也是不固定的，所以其实是无监督模型。与 PCA 等传统的降维方法不同的是我们使用神经网络来实现，整个网络的输入即为输出。由于使用了神经网络，所以自动编码器可以进行非线性降维，形式更加灵活多变。

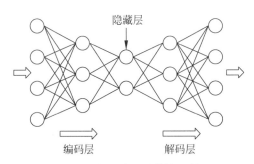

图 14-2　自动编码器结构示例图

14.1.1　去噪自动编码器

去噪自动编码器是最基本的一种自动编码器，它会随机地将图片中的某些像素变为 0 来进行输入，使得模型进行去噪。它可以从有噪声的图像中获得重要的特征，该特征之后被用于恢复其对应的无噪声图像。为什么要随机地将某些像素变为 0 呢？因为在随机删除像素的过程中，当删除的数据为噪声数据和非噪声数据，会得到不同的结果，从而便于噪声数据分离。从另一个角度来看，随机删除像素后，增加了训练数据的数据量，从而提高了模型的泛化性。输入图像的噪声量以百分比的形式呈现，一般来说，20%-30% 就足够了，但是如果数据集非常小，可以增加更多噪声。图 14-3 展示了去噪自动编码器结构示例图。

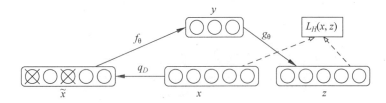

图 14-3　去噪自动编码器结构示例图

它是如何训练的呢？对于编码器来说，训练并不是一步到位的，如图 14-4 所示，首先用无监督学习的方法得到第一层特征，之后使用第一层特征作为输入，再学习并得到第二层特征，一直学习下去直到得到最后一层特征，然后使用有监督学习方法，对最后一层特征进行损失训练。最后通过梯度下降法将特征传递到前面每一层。

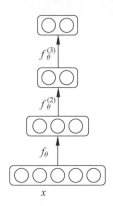

图 14-4　去噪自动编码器训练特征结构示例图

14.1.2　变分自动编码器

变分自动编码器是自动编码器的一种更广泛的扩展形式,它假设隐藏层变量服从一种先验分布,如正态分布。当我们需要生成新的图片时,我们可以直接利用分布产生一个随机向量,然后输入解码器就可以得到一张新的图像,这样我们不需要再储存任何图片的信息,只需要保存模型的信息即可。

我们假设输入图像为 x,隐藏变量为 z(z 假设为单位高斯分布),则我们的目标是求条件概率 $p(z|x)$,即给定输入图像,得到隐藏变量的概率分布。所以我们的编码层部分,得到的为 $q(z|x)$,编码器部分的目标为 $p(z|x)=q(z|x)$,所以我们用它们 KL 散度作为损失,解码部分的损失使用输入与输出之间的交叉熵损失。假设输出为 y,则整个模型的损失函数为:loss＝KL(q($z|x$)‖ p($z|x$))-crossentropy(x,y)。图 14-5 展示了变分自动编码器生成虚拟手写数字示例图。

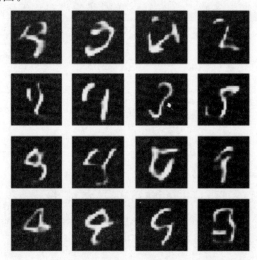

图 14-5　变分自动编码器生成虚拟手写数字示例图

【代码 14-1】

```python
#变分自动编码器
#读取图片
(train_images, _), (test_images, _) = tf.keras.datasets.mnist.load_data()
train_images = train_images.reshape(train_images.shape[0], 28, 28, 1).astype('float32')
test_images = test_images.reshape(test_images.shape[0], 28, 28, 1).astype('float32')

#标准化图片
train_images /= 255.
test_images /= 255.
#二值化
train_images[train_images >= .5] = 1.
train_images[train_images < .5] = 0.
test_images[test_images >= .5] = 1.
test_images[test_images < .5] = 0.

TRAIN_BUF = 60000
BATCH_SIZE = 100
TEST_BUF = 10000
#取 batch
train_dataset = tf.data.Dataset.from_tensor_slices(train_images).shuffle(TRAIN_BUF).batch(BATCH_SIZE)
test_dataset = tf.data.Dataset.from_tensor_slices(test_images).shuffle(TEST_BUF).batch(BATCH_SIZE)
#创建变分自动编码器类
class CVAE(tf.keras.Model):
    def __init__(self, latent_dim):
        super(CVAE, self).__init__()
#隐藏层维度
self.latent_dim = latent_dim
#编码层
        self.inference_net = tf.keras.Sequential(
          [
              tf.keras.layers.InputLayer(input_shape=(28, 28, 1)),
              tf.keras.layers.Conv2D(
                  filters=32, kernel_size=3, strides=(2, 2), activation='relu'),
              tf.keras.layers.Conv2D(
                  filters=64, kernel_size=3, strides=(2, 2), activation='relu'),
              tf.keras.layers.Flatten(),
              tf.keras.layers.Dense(latent_dim + latent_dim),
          ]
        )
#解码层
        self.generative_net = tf.keras.Sequential(
            [
```

```python
            tf.keras.layers.InputLayer(input_shape = (latent_dim,)),
            tf.keras.layers.Dense(units = 7 * 7 * 32, activation = tf.nn.relu),
            tf.keras.layers.Reshape(target_shape = (7, 7, 32)),
            tf.keras.layers.Conv2DTranspose(
                filters = 64,
                kernel_size = 3,
                strides = (2, 2),
                padding = "SAME",
                activation = 'relu'),
            tf.keras.layers.Conv2DTranspose(
                filters = 32,
                kernel_size = 3,
                strides = (2, 2),
                padding = "SAME",
                activation = 'relu'),
            tf.keras.layers.Conv2DTranspose(
                filters = 1, kernel_size = 3, strides = (1, 1), padding = "SAME"),
        ]
    )
    #取样
    def sample(self, eps = None):
        if eps is None:
            eps = tf.random.normal(shape = (100, self.latent_dim))
        return self.decode(eps, apply_sigmoid = True)

    def encode(self, x):
        mean, logvar = tf.split(self.inference_net(x), num_or_size_splits = 2, axis = 1)
        return mean, logvar

    def reparameterize(self, mean, logvar):
        eps = tf.random.normal(shape = mean.shape)
        return eps * tf.exp(logvar * .5) + mean

    def decode(self, z, apply_sigmoid = False):
        logits = self.generative_net(z)
        if apply_sigmoid:
            probs = tf.sigmoid(logits)
            return probs
        return logits
#优化器
optimizer = tf.keras.optimizers.Adam(1e - 4)

def log_normal_pdf(sample, mean, logvar, raxis = 1):
    log2pi = tf.math.log(2. * np.pi)
    return tf.reduce_sum(
```

```python
        -.5 * ((sample - mean) ** 2. * tf.exp(-logvar) + logvar + log2pi),
        axis = raxis)
#损失函数
def compute_loss(model, x):
    mean, logvar = model.encode(x)
    z = model.reparameterize(mean, logvar)
    x_logit = model.decode(z)
    cross_ent = tf.nn.sigmoid_cross_entropy_with_logits(logits = x_logit, labels = x)
    logpx_z = -tf.reduce_sum(cross_ent, axis = [1, 2, 3])
    logpz = log_normal_pdf(z, 0., 0.)
    logqz_x = log_normal_pdf(z, mean, logvar)
    return -tf.reduce_mean(logpx_z + logpz - logqz_x)

def compute_apply_gradients(model, x, optimizer):
    with tf.GradientTape() as tape:
        loss = compute_loss(model, x)
    gradients = tape.gradient(loss, model.trainable_variables)
    optimizer.apply_gradients(zip(gradients, model.trainable_variables))
#设置参数
epochs = 100
latent_dim = 50
num_examples_to_generate = 16

#保持随机向量恒定以进行生成(预测),以便更易于看到改进
random_vector_for_generation = tf.random.normal(
    shape = [num_examples_to_generate, latent_dim])
model = CVAE(latent_dim)

def generate_and_save_images(model, epoch, test_input):
    predictions = model.sample(test_input)
    fig = plt.figure(figsize = (4, 4))

    for i in range(predictions.shape[0]):
        plt.subplot(4, 4, i + 1)
        plt.imshow(predictions[i, :, :, 0], cmap = 'gray')
        plt.axis('off')
    plt.savefig('image_at_epoch_{:04d}.png'.format(epoch))
    plt.show()

generate_and_save_images(model, 0, random_vector_for_generation)
#训练
for epoch in range(1, 10):
    start_time = time.time()
    for train_x in train_dataset:
        compute_apply_gradients(model, train_x, optimizer)
    end_time = time.time()
```

```
if epoch % 1 = = 0:
    loss = tf.keras.metrics.Mean()
    for test_x in test_dataset:
        loss(compute_loss(model, test_x))
    elbo = - loss.result()
    display.clear_output(wait = False)
    print('Epoch: {}, Test set ELBO: {}, '
          'time elapse for current epoch {}'.format(epoch, elbo,  end_time - start_time))
    generate_and_save_images(
        model, epoch, random_vector_for_generation)
```

14.2 风格迁移

如果你是一位绘画初学者,相信你一定很崇拜大师的作品,例如凡高、毕加索等人的作品,当然你也会去模仿他们的风格,现在,通过神经网络,无须任何绘画技术,你就可以将大师的作品与你自己的作品相结合,何乐而不为呢? 这就是风格迁移技术。将两者图片的风格和内容相结合,生成虚拟的图像,如图 14-6 所示。

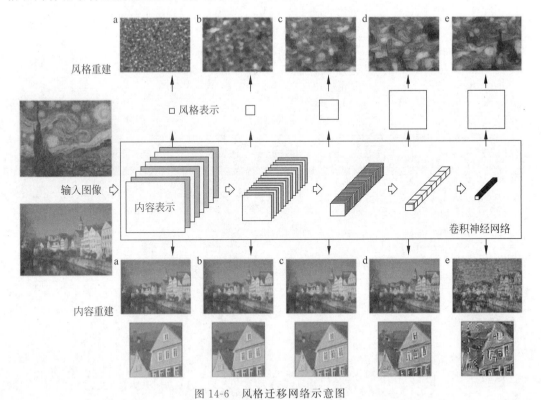

图 14-6 风格迁移网络示意图

如何提取图片的风格层呢？这听上去很简单，实际却不容易，因为风格往往是很难说得清道得明的东西，但是没有关系，先让我们来看内容层，如何得到图像中的内容，卷积神经网络给了我们很好的提示：卷积神经网络的最后一层特征层，往往是用来做物体分类的，所以图像中的内容显然是在后面的特征层中，那么我们可以想象，前面的特征层用来干什么呢？是不是可以提取到图像的风格特征呢？答案是肯定的，前面的特征层恰恰可以得到图像的风格特征，当然，风格特征还需要经过特殊的计算才能得到。假设我们用 $F_{i,k}^l$ 表示特征层 l 中第 i 个卷积核在 k 位置像素得到的输出，首先我们计算特征层 l 中不同卷积核 i,j 的相似度式(14-1)：

$$G_{i,j}^l = \sum F_{i,k}^l F_{j,k}^l \tag{14-1}$$

之后，我们计算这一层的风格损失：

$$\text{loss} = \frac{1}{4N_l^2 M_l^2} \sum_{i,j} (G_{i,j}^l - A_{i,j}^l)^2 \tag{14-2}$$

其中 $G_{i,j}^l$ 为生成图像，$A_{i,j}^l$ 为目标图像。

有趣的是，在训练过程中，与别的神经网络不同，它不对网络权重进行更新，而是对生成的图像进行更新，对于提取特征的网络，我们保持其参数不变，损失通过梯度下降达到图像，然后对图像进行更新，从而使其风格和内容迁移到目标图像。图 14-7 和图 14-8 展示了风格迁移结果示意图。

图 14-7 风格迁移结果示意图

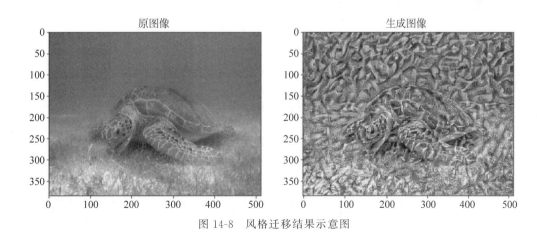

图 14-8 风格迁移结果示意图

【代码 14-2】

```python
#风格迁移
import tensorflow as tf
import IPython.display as display
import matplotlib.pyplot as plt
import matplotlib as mpl
import numpy as np
import time
import functools
#读取图片
def load_img(path_to_img):
    max_dim = 512
    img = tf.io.read_file(path_to_img)
    img = tf.image.decode_image(img, channels = 3)
    img = tf.image.convert_image_dtype(img, tf.float32)
    shape = tf.cast(tf.shape(img)[:-1], tf.float32)
    long_dim = max(shape)
    scale = max_dim / long_dim
    new_shape = tf.cast(shape * scale, tf.int32)
    img = tf.image.resize(img, new_shape)
    img = img[tf.newaxis, :]
    return img

content_image = load_img("内容图片路径")
style_image = load_img("风格图片路径")

#内容层提取
content_layers = ['block5_conv2']

#风格层提取
style_layers = ['block1_conv1',
                'block2_conv1',
                'block3_conv1',
                'block4_conv1',
                'block5_conv1']
def vgg_layers(layer_names):
    """ Creates a vgg model that returns a list of intermediate output values."""
    #加载已经在 imagenet 数据上预训练的 VGG
    vgg = tf.keras.applications.VGG19(include_top = False, weights = 'imagenet')
    #模型参数固定,改变的是图像
    vgg.trainable = False
    outputs = [vgg.get_layer(name).output for name in layer_names]
    model = tf.keras.Model([vgg.input], outputs)
    return model
```

```python
style_extractor = vgg_layers(style_layers)
style_outputs = style_extractor(style_image*255)
#计算风格矩阵
def gram_matrix(input_tensor):
    result = tf.linalg.einsum('bijc,bijd->bcd', input_tensor, input_tensor)
    input_shape = tf.shape(input_tensor)
    num_locations = tf.cast(input_shape[1]*input_shape[2], tf.float32)
    return result/(num_locations)
#整体模型
class StyleContentModel(tf.keras.models.Model):
    def __init__(self, style_layers, content_layers):
        super(StyleContentModel, self).__init__()
        self.vgg =  vgg_layers(style_layers + content_layers)
        self.style_layers = style_layers
        self.content_layers = content_layers
        self.num_style_layers = len(style_layers)
        self.vgg.trainable = False

    def call(self, inputs):
        inputs = inputs*255.0
        preprocessed_input = tf.keras.applications.vgg19.preprocess_input(inputs)
        outputs = self.vgg(preprocessed_input)
        style_outputs, content_outputs = (outputs[:self.num_style_layers],
                            outputs[self.num_style_layers:])
        style_outputs = [gram_matrix(style_output)for style_output in style_outputs]
        content_dict = {content_name:value for content_name, value in zip(self.content_layers, content_outputs)}

        style_dict = {style_name:value
                for style_name, value in zip(self.style_layers, style_outputs)}

        return {'content':content_dict, 'style':style_dict}
#初始化生成图像
image = tf.Variable(content_image)
opt = tf.optimizers.Adam(learning_rate=0.02, beta_1=0.99, epsilon=1e-1)
#风格、内容层权重不同
style_weight=1e-2
content_weight=1e4
#损失函数
def style_content_loss(outputs):
    style_outputs = outputs['style']
    content_outputs = outputs['content']
    style_loss = tf.add_n([tf.reduce_mean((style_outputs[name]-style_targets[name])**2) for
name in style_outputs.keys()])
```

```
#风格损失
   style_loss *= style_weight / num_style_layers
#内容损失
   content_loss = tf.add_n([tf.reduce_mean((content_outputs[name] - content_targets
[name]) ** 2) for name in content_outputs.keys()])
   content_loss *= content_weight / num_content_layers
   loss = style_loss + content_loss
return loss

def train_step(image):
  with tf.GradientTape() as tape:
    outputs = extractor(image)
    loss = style_content_loss(outputs)
  grad = tape.gradient(loss, image)
  opt.apply_gradients([(grad, image)])
  image.assign(clip_0_1(image))
#训练
for i in range(5):
  train_step(image)
```

14.3 GAN网络

近年来最流行的图像生成式网络还要数GAN对抗式生成网络。为什么叫对抗式生成网络呢？因为其通过让两个网络相互对抗的方式来进行学习。该方法最早由伊恩·古德费洛等人在2014年提出。其由一个生成网络与一个判别网络组成。生成网络从隐藏变量中随机取样作为输入(有点类似变分自动编码器)，其输出结果为生成的虚拟图像。判别网络的输入则为真实图像或生成图像，其目的是将生成图像从真实图像中尽可能地分辨出来，而生成网络则要尽可能地欺骗判别网络。两个网络相互对抗、不断调整参数，最终目的是使生成的图像十分接近真实图像。生成对抗网络常用于生成以假乱真的图片，此外，该方法还被用于AI换脸、生成影片、三维物体模型等。在2016年的一个研讨会，杨立昆称其为"机器学习这二十年来最酷的想法"。图14-9展示了GAN网络结构示意图。

为什么GAN网络效果好呢？相比于变分自动编码器，它没有用编码层进行特征提取，而是直接使用生成器生成图像，这是由于编码层进行特征提取时，不可避免地会发生损失，所以将其删去了，最巧妙的地方就是增加了一个判别网络，而不是直接使用生成图像和真实图像的交叉熵损失，这样可以自动地学到重要的生成图像和真实图像的差别在哪里。可以认为判别器是一个老师，生成器是一个学生，在老师的指导下，学生的成绩越来越高。

损失函数如何定义呢？对于生成器，损失函数很简单，就是计算判别器将所有生成的虚拟图片认为是真实图片的概率即可，而对于判别器，除了要将所有生成的虚拟图片判别为负样本，还要将所有真实图片判别为正样本，否则判别器可以将所有图片都判为负样本，从而导致模型无效。

当然 GAN 模型也有一些缺点,例如可解释性差、比较难训练,有的时候训练出的结果很差,很难去学习并生成离散的数据等。图 14-10 展示了 GAN 网络生成图像示意图。

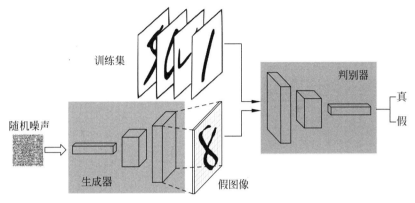

图 14-9　GAN 网络结构示意图

图 14-10　GAN 网络生成图像示意图

【代码 14-3】

```
#DCGAN 网络
import glob
import imageio
import matplotlib.pyplot as plt
import numpy as np
import os
import PIL
from tensorflow.keras import layers
```

```python
import time
from IPython import display

#数据集
(train_images, train_labels),(_, _) = tf.keras.datasets.mnist.load_dat
train_images = train_images.reshape(train_images.shape[0], 28, 28, 1).astype('float32')
#将图片标准化到[-1, 1]区间内
train_images = (train_images - 127.5) / 127.5

BUFFER_SIZE = 60000
BATCH_SIZE = 256
#批量化和打乱数据
train_dataset = tf.data.Dataset.from_tensor_slices(train_images).shuffle(BUFFER_SIZE).batch(BATCH_SIZE)

#生成器,使用反卷积层
def make_generator_model():
    model = tf.keras.Sequential()
    model.add(layers.Dense(7 * 7 * 256, use_bias = False, input_shape = (100,)))
    model.add(layers.BatchNormalization())
    model.add(layers.LeakyReLU())
    model.add(layers.Reshape((7, 7, 256)))
    assert model.output_shape == (None, 7, 7, 256)
    model.add(layers.Conv2DTranspose(128, (5, 5), strides = (1, 1), padding = 'same', use_bias = False))
    assert model.output_shape == (None, 7, 7, 128)
    model.add(layers.BatchNormalization())
    model.add(layers.LeakyReLU())
    model.add(layers.Conv2DTranspose(64, (5, 5), strides = (2, 2), padding = 'same', use_bias = False))
    assert model.output_shape == (None, 14, 14, 64)
    model.add(layers.BatchNormalization())
    model.add(layers.LeakyReLU())
    model.add(layers.Conv2DTranspose(1, (5, 5), strides = (2, 2), padding = 'same', use_bias = False, activation = 'tanh'))
    assert model.output_shape == (None, 28, 28, 1)
    return model

generator = make_generator_model()
#随机生成图像
noise = tf.random.normal([1, 100])
generated_image = generator(noise, training = False)

#判别器
def make_discriminator_model():
    model = tf.keras.Sequential()
```

```python
    model.add(layers.Conv2D(64, (5, 5), strides = (2, 2), padding = 'same', input_shape = [28, 28, 1]))
    model.add(layers.LeakyReLU())
    model.add(layers.Dropout(0.3))
    model.add(layers.Conv2D(128, (5, 5), strides = (2, 2), padding = 'same'))
    model.add(layers.LeakyReLU())
    model.add(layers.Dropout(0.3))
    model.add(layers.Flatten())
    model.add(layers.Dense(1))
    return model

# 对图像进行判别
discriminator = make_discriminator_model()
decision = discriminator(generated_image)

# 计算交叉熵损失
cross_entropy = tf.keras.losses.BinaryCrossentropy(from_logits = True)

# 生成器损失
def generator_loss(fake_output):
    return cross_entropy(tf.ones_like(fake_output), fake_output)
# 判别器损失
def discriminator_loss(real_output, fake_output):
    real_loss = cross_entropy(tf.ones_like(real_output), real_output)
    fake_loss = cross_entropy(tf.zeros_like(fake_output), fake_output)
    total_loss = real_loss + fake_loss
    return total_loss
# 优化器
generator_optimizer = tf.keras.optimizers.Adam(1e - 4)
discriminator_optimizer = tf.keras.optimizers.Adam(1e - 4)
# 检查点保持
checkpoint_dir = './training_checkpoints'
checkpoint_prefix = os.path.join(checkpoint_dir, "ckpt")
checkpoint = tf.train.Checkpoint(generator_optimizer = generator_optimizer, discriminator_optimizer = discriminator_optimizer, generator = generator, discriminator = discriminator)

# 参数
EPOCHS = 50
noise_dim = 100
num_examples_to_generate = 16

def train_step(images):
    noise = tf.random.normal([BATCH_SIZE, noise_dim])
    with tf.GradientTape() as gen_tape, tf.GradientTape() as disc_tape:
        generated_images = generator(noise, training = True)
        real_output = discriminator(images, training = True)
```

```python
            fake_output = discriminator(generated_images, training = True)
            gen_loss = generator_loss(fake_output)
            disc_loss = discriminator_loss(real_output, fake_output)
        gradients_of_generator = gen_tape.gradient(gen_loss, generator.trainable_variables)
        gradients_of_discriminator = disc_tape.gradient(disc_loss, discriminator.trainable_variables)
        generator_optimizer.apply_gradients(zip(gradients_of_generator, generator.trainable_variables))
        discriminator_optimizer.apply_gradients(zip(gradients_of_discriminator, discriminator.trainable_variables))

def train(dataset, epochs):
    for epoch in range(epochs):
        start = time.time()
        for image_batch in dataset:
            train_step(image_batch)
        # 每 15 个 epoch 保存一次模型
        if (epoch + 1) % 15 == 0:
            checkpoint.save(file_prefix = checkpoint_prefix)
        print ('Time for epoch {} is {} sec'.format(epoch + 1, time.time() - start))
# 最后一个 epoch 结束后生成图片
display.clear_output(wait = True)
generate_and_save_images(generator, epochs, seed)

def generate_and_save_images(model, epoch, test_input):
    predictions = model(test_input, training = False)
    fig = plt.figure(figsize = (4,4))
    for i in range(predictions.shape[0]):
        plt.subplot(4, 4, i + 1)
        plt.imshow(predictions[i, :, :, 0] * 127.5 + 127.5, cmap = 'gray')
        plt.axis('off')
    plt.savefig('image_at_epoch_{:04d}.png'.format(epoch))
    plt.show()
# 训练
train(train_dataset, EPOCHS)
```

参 考 文 献

[1] 安德里安·凯勒,加里·布拉德斯. 学习 OpenCV3(中文版)[M]. 阿丘科技,刘昌祥,吴雨培,等译. 北京:清华大学出版社,2018.

[2] 王晓华. OpenCV+TensorFlow 深度学习与计算机视觉实战[M]. 北京:清华大学出版社,2019.

[3] Tian C,Fei L,Zheng W,et al. Deep Learning on Image Denoising:An overview [J]. 2019,arXiv: 1912.13171.

[4] Tolosana R,Vera-Rodriguez R,Fierrez J,et al. DeepFakes and Beyond:A Survey of Face Manipulation and Fake Detection [J]. 2020,arXiv:2001.00179.

[5] Schmarje L,Santarossa M,Schröder S,et al. A survey on Semi-,Self-and Unsupervised Techniques in Image Classification [J]. 2020,arXiv:2002.08721.

[6] Li Z,Yang W,Peng S,et al. A Survey of Convolutional Neural Networks:Analysis,Applications, and Prospects [J]. 2020,arXiv:2004.02806.

[7] Liu W,Anguelov D,Erhan D,et al. SSD:Single Shot MultiBox Detector [J]. 2016,arXiv: 1512.02325.

[8] Girshick R,Donahue J,Darrell T,et al. Rich feature hierarchies for accurate object detection and semantic segmentationTech report (v5)[J]. 2014,arXiv:1311.2524.

[9] Ren S,He K,Girshick R,et al. Faster R-CNN:Towards Real-Time Object Detection with Region Proposal Networks [J]. 2015,arXiv:1506.01497.

[10] Girshick R B. Fast R-CNN[J]. IEEE International Conference on Computer Vision (ICCV),2015,1440-1448.

[11] Redmon J,Divvalay S,Girshick R,et al. You Only Look Once:Unified,Real-Time Object Detection[J]. 2016,arXiv:1506.02640.

[12] Redmony J,Farhadi A. YOLO9000:Better,Faster,Stronger[J]. 2016,arXiv:1612.08242.

[13] Redmon J,Farhadi A. YOLOv3:An Incremental Improvement[J]. 2018,arXiv:1804.02767.

[14] Krizhevsky A,Sutskever I,Hinton G. ImageNet Classification with Deep ConvolutionalNeural Networks [J]. Advances in neural information processing systems,2012,1097-1105.

[15] He K,Zhang X,Ren S,et al. Deep residual learning for image recognition[J]. Proceedings of the IEEE conference on computer vision and pattern recognition,2016,770-778.

图书资源支持

感谢您一直以来对清华大学出版社图书的支持和爱护。为了配合本书的使用，本书提供配套的资源，有需求的读者请扫描下方的"书圈"微信公众号二维码，在图书专区下载，也可以拨打电话或发送电子邮件咨询。

如果您在使用本书的过程中遇到了什么问题，或者有相关图书出版计划，也请您发邮件告诉我们，以便我们更好地为您服务。

我们的联系方式：

地　　址：北京市海淀区双清路学研大厦 A 座 714

邮　　编：100084

电　　话：010-83470236　010-83470237

资源下载：http://www.tup.com.cn

客服邮箱：tupjsj@vip.163.com

QQ：2301891038（请写明您的单位和姓名）

用微信扫一扫右边的二维码，即可关注清华大学出版社公众号。

教学资源·教学样书·新书信息

人工智能科学与技术
人工智能|电子通信|自动控制

资料下载·样书申请

书圈